LETTRES

SUR

L'AGRICULTURE.

LETTRES

SUR

L'AGRICULTURE

PAR

M. VICTOR DE TRACY

ANCIEN DÉPUTÉ DE L'ALLIER ET DE L'ORNE.

PARIS

TYPOGRAPHIE DE HENRI PLON,

IMPRIMEUR DE L'EMPEREUR,

RUE GARANCIÈRE, 8.

1857

AVERTISSEMENT.

———

Les lettres qui suivent, et qui sont au nombre de sept, ont paru, il y a déjà plusieurs années, dans une publication périodique d'un genre grave et sérieux, consacrée à la discussion des plus hautes questions de l'économie politique et sociale : aussi je considérai comme une faveur qu'il me serait difficile de justifier l'admission de mes lettres dans les colonnes du *Journal des Économistes ;* car ces lettres, assez décousues dans la forme, nullement didactiques quant au fond, avaient pour but unique d'inspirer, s'il se pouvait, à quelque lecteur propriétaire d'un bien rural la bonne, la sage et profitable pensée de s'y fixer, d'en prendre en main l'exploitation, et en un mot d'adopter un genre de vie dont on voit malheureusement trop peu d'exemples en France; tandis que, dans d'autres pays, des existences de ce genre ne sont pas exceptionnelles : d'où il résulte de grands avantages non-seulement pour les propriétaires, mais aussi pour les localités qu'ils fertilisent, qu'ils assainissent, embellissent et moralisent même *par degrés*, car, sous ce rapport plus que sous tout autre, il est vrai de dire que le bien se réalise lentement. Mais c'est beaucoup qu'il doive résulter nécessairement de causes toujours agissantes et qui ont leurs sources dans l'ordre économique et matériel.

Un genre de vie tel que je viens de l'indiquer, tel que j'ai essayé de le faire comprendre, aimer et préférer, m'a paru digne d'être adopté par un homme de bien, désireux d'en faire à ses semblables ; il m'a semblé surtout devoir attirer vers lui tout homme qui après une vie agitée, quelquefois prématurément décolorée, désenchantée par le malheur, sentira le besoin de se recueillir dans une retraite tempérée et nullement oisive, mais au contraire constamment vivifiée par d'utiles et intéressantes occupations. C'est dans cette conviction et, je l'avoue aussi, sous l'influence d'un véritable esprit de prosélytisme, que je me décidai jadis à publier mes réflexions sur ce sujet et à exprimer des vœux inspirés en grande partie par ma propre expérience.

J'avais pensé qu'ayant exposé, avec une franchise un peu rude quelquefois, certaines opinions qui pouvaient paraître tout au moins paradoxales, elles donneraient lieu à des réclamations et à des discussions que j'étais loin de redouter, car je me croyais en fonds pour me défendre et pour prouver la vérité de ce que j'avais avancé. Sous ce rapport, mon attente ou plutôt mon espoir a été complétement trompé, et le silence le plus absolu est venu me confirmer dans la pensée que les hommes du monde, et même les hommes de la science, considéraient avec une certaine indifférence ce qui me paraissait être d'un puissant intérêt et d'une haute importance. Je me suis demandé à cette occasion, car il est sage d'être en méfiance de soi-même, si l'entraînement involontaire de mes goûts et de mes habitudes ne me portait pas à m'exagérer la valeur de l'objet de mes prédilections, et cela m'a remis en mémoire une anecdote qui peut trouver sa place ici.

Vers le milieu du siècle dernier, un célèbre compositeur de ballets, nommé Marcel, jouissait à Paris d'une grande réputation ; cet homme avait pour son art un amour passionné, ce qui est un des attributs du génie ; un jour, dit-on, il fut aperçu dans son cabinet se tenant la tête entre ses deux mains, plongé, abîmé dans la plus profonde méditation, d'où il sortit tout à coup en s'écriant avec transport : « *Que de choses dans un menuet !* » Probablement il voyait toutes ces choses, et il avait raison de s'exprimer ainsi ; mais lui seul les voyait, et dès lors à quoi lui servait d'avoir raison? Avoir raison tout seul, n'est-ce pas la même chose que d'avoir tort?

Il m'est souvent arrivé dans le cours de ma vie de me passionner, car c'est assez dans ma nature, pour une idée qui me paraissait généreuse, féconde, et de me dire tout à coup en me rappelant cette historiette : Mais ne voilà-t-il pas que je suis comme Marcel avec son menuet? Cependant cela ne m'empêchait pas, ainsi que je le fais à présent, de m'élancer sur mon *hobby-horse* à la poursuite de ma fantaisie, peut-être de ma chimère; bien d'autres ont fait et feront encore comme moi, j'en suis sûr.

En résumé, malgré certains mécomptes toujours désagréables et des ennuis passagers, mais auxquels on doit s'attendre quand de la spéculation abstraite on passe à l'application et à la pratique, mes idées sur les avantages de la vie rurale n'ont fait que se confirmer, et le désir de les voir goûtées n'a fait aussi que s'augmenter : des amis qui nous trompent quelquefois, il est vrai, mais de bonne foi, en s'abusant eux-mêmes, m'ont souvent engagé à rassembler ces lettres, en m'assurant que ce petit recueil aurait quelque intérêt et ne serait pas sans utilité pour ma *propagande* favorite, je me suis donc décidé à reproduire ces mêmes lettres telles qu'elles ont paru dans le *Journal des Économistes*.

J'y ai joint pourtant une sorte de conclusion ou de confirmation développée de mes idées sous forme de nouvelles lettres : ces dernières sont adressées à un jeune homme que j'aime tendrement et dont le bonheur à venir est l'objet de mes vœux les plus vifs. C'est dans cette pensée que je lui offre du fond du cœur le tribut d'une longue expérience, avec le sincère désir qu'il essaye un jour de mettre en pratique des idées que je crois saines et fécondes en toutes sortes d'avantages pour lui-même et pour les autres.

Cette considération suffirait, s'il en était besoin, ce que je ne crois pas, pour témoigner de ma bonne foi et pour qu'on n'ose pas me comparer au renard de la fable, qui s'était coupé la queue et qui, comme chacun sait, engageait ses confrères les autres renards à se la couper comme lui.

Lecteur impartial et équitable, c'est à vous que je m'adresse ! Vous entendez dire que tout propriétaire faisant valoir perd de l'argent ; que s'il persévère, c'est par amour-propre, en continuant de faire la guerre à ses dépens ; ce sont propos d'envieux ou de gens routiniers et indolents : n'y croyez pas.

LETTRES

L'AGRICULTURE.

PREMIÈRE LETTRE.

Paray-le-Fraisil, 2 octobre 1847.

MONSIEUR LE RÉDACTEUR,

Personne plus que moi, vous le savez, ne rend justice au mérite réel qui distingue le *Journal des Économistes*, et qui, je n'en doute pas, lui garantit un succès toujours croissant; je puis donc, sans recourir à aucune apologie, vous exprimer franchement un regret entièrement exempt de toute pensée de blâme ou même de critique. Ce regret, je l'ai éprouvé depuis longtemps en re-

marquant que les articles relatifs à des questions
agricoles n'occupent dans ce Recueil qu'une étendue qui n'est pas en rapport avec l'importance de
pareils sujets. Mais ce fait ne m'a jamais surpris ;
il s'explique facilement par l'indifférence du public
pour tout ce qui concerne l'agriculture, et c'est
précisément cette disposition des esprits qui m'en-
gage à vous adresser quelques considérations qui,
si vous le jugez convenable, pourront trouver leur
place dans l'un des numéros de votre journal.
Quant à moi, je ne penserais pas qu'elles fussent
sans utilité, si elles pouvaient contribuer à dissiper
certains préjugés très-fâcheux, et surtout si elles
pouvaient inspirer à quelques-uns de vos lecteurs
la bonne pensée d'adopter franchement la vie rurale, et de diriger eux-mêmes des travaux pleins
d'intérêt, et qui sont pourtant bien souvent dédaignés, méprisés même comme les procédés tradi-
tionnels d'une routine inintelligente et vulgaire.
Mais ce qui est peut-être plus fâcheux encore, c'est
que les entreprises agricoles elles-mêmes sont généralement considérées comme des causes de ruine
inévitable pour les propriétaires aisés qui seraient
tentés de leur consacrer le temps et l'argent
dont ils peuvent disposer. Ce sont là certainement

des erreurs énormes et, selon moi, déplorables ;
mais elles sont tellement accréditées presque partout en France, que celui qui a le courage, je
dirai même la témérité, de braver le despotisme
qu'elles exercent et de n'en pas tenir compte, inspire aux plus bienveillants l'espèce de compassion que chacun doit éprouver pour ces infortunés
rêveurs qui se ruinent et se consument à la recherche de la pierre philosophale, du mouvement
perpétuel, ou de toute autre folie du même genre.
L'universalité et la puissante influence de cette
croyance ne sauraient être contestées : eh bien !
en m'appuyant, non pas seulement sur une conviction raisonnée, mais sur la plus ferme des certi-
tudes, celle qui résulte de l'expérience personnelle,
j'affirme que la vérité, que la réalité des faits, dé-
mentent absolument cette opinion, disons le mot,
ce préjugé sans fondement. J'ajouterai que, dans
une multitude de localités, et sur une immense
étendue du territoire de la France, des exploitations rurales, dirigées avec une intelligence suffisante, mais fort ordinaire, offriraient aux propriétaires des chances assurées de succès profitables et
souvent même des bénéfices considérables. J'irai
plus loin encore, et je dirai que c'est ainsi et seule-

ment ainsi, c'est-à-dire par l'intervention directe des propriétaires dans la mise en valeur du sol, que la France pourra voir naître et se développer les immenses richesses agricoles dont elle devrait jouir, ainsi que tous les autres avantages qui seraient les conséquences de cette bienfaisante impulsion.

C'est en entrant largement dans cette voie qu'on pourrait voir un jour se réaliser les espérances de Mathieu de Dombasle, de ce savant homme de bien, de cet écrivain pur et élégant, doué d'un admirable esprit d'observation et dont les éminentes facultés furent constamment dirigées par une pensée élevée et dans les vues les plus désintéressées. Il a consigné dans ses Annales, et il se plaisait à répéter, que si l'activité et l'intelligence étaient dirigées parmi nous dans le sens de nos véritables intérêts, la France, avant un demi-siècle, devrait compter cinquante millions d'habitants, deux fois mieux pourvus de tout ce qui est nécessaire à la satisfaction des besoins matériels, moraux et intellectuels, que ne le sont maintenant les habitants qu'elle contient. En exprimant cette pensée patriotique, Mathieu de Dombasle ne formulait pas une utopie généreuse, mais fantastique ; il ne faisait que révéler à son pays un avenir possible, mais, je me hâte de le dire, un avenir peu probable. Ce n'est pas sans réflexion que j'indique cette restriction à la pensée du philosophe de Roville. Il me sera très-facile de la justifier quand j'aurai à examiner les causes diverses qui doivent exercer leur influence, dans des sens opposés, sur l'accomplissement des destinées de la France, en ce qui touche la mise en valeur de son sol. Cette grande œuvre, à laquelle on ne songe guère, et qui, sur la moitié de notre territoire, est à peine ébauchée, peut être favorisée ou contrariée, accélérée ou retardée par une multitude d'influences prenant leur source tantôt dans le régime économique et financier, tantôt dans le système politique et administratif qui nous régit, enfin dans les habitudes morales et intellectuelles de nos concitoyens habitant les villes ou les campagnes.

Je ne sais si la direction habituelle de mes réflexions, si l'influence de mes goûts et de l'attrait qu'ont toujours eu pour moi les travaux de la campagne, auraient pu grandir démesurément à mes yeux l'importance de tout ce qui se rapporte à l'agriculture ; mais il me semble que les questions que je viens d'indiquer sont d'un intérêt général très-réel. Je me propose donc de les passer en revue, sans m'astreindre cependant à un ordre rigoureux et méthodique.

Toutefois, avant de rechercher quels sont les moyens les plus propres à étendre, même sur nos contrées les moins favorisées, les bienfaits d'une agriculture intelligente, il semble utile de déterminer ce qu'est réellement cette immense industrie, et quelle action elle exerce sur la fortune publique et privée, aussi bien que sur les conditions économiques et même hygiéniques des populations soumises à son influence directe. Ces considérations feront l'objet de la première lettre que je me permettrai de vous adresser.

Agréez, etc.,

V. Tracy.

DEUXIÈME LETTRE.

—

Monsieur,

Je viens de recevoir votre numéro d'octobre, dans lequel vous avez accueilli avec un empressement plein de bonté pour moi la petite lettre que je vous avais adressée. Les expressions très-flatteuses qui précèdent l'insertion de cette lettre me causeraient une satisfaction sans mélange, si je pouvais penser que quelques réflexions sur un sujet tout spécial dussent mériter de prendre place parmi les savants travaux des publicistes et des économistes distingués qui ont fondé et maintenu la réputation bien méritée de votre journal ; mais, je vous le

dis en toute sincérité, je me rends trop justice
pour me faire aucune illusion à cet égard. Le nom
cher et révéré que vous citez de manière à me
toucher vivement suffirait pour me rappeler au
sentiment d'une juste défiance de moi-même. A
chacun son lot ici-bas! Aux organisations puissantes
par la pensée et par la force de déduction, il ap-
partient de découvrir, en remontant aux principes
premiers de toute certitude, des théories fécondes,
parce que leur base est inattaquable ; aux intelli-
gences ordinaires, il reste le vaste champ de la
pratique et des applications, où viennent aboutir en
définitive toutes les théories. C'est donc dans une
humble sphère que j'entends me renfermer, car
elle me suffit. D'ailleurs, quand on y pénètre
avec un sincère désir de faire le bien, les moindres
succès qu'on obtient sont pleins d'intérêt ; on y
trouve un charme de poésie où l'imagination se
complaît, et qui procure les jouissances les plus
douces et les moins trompeuses, car elles sont iné-
puisables comme la nature dans sa fécondité. Mais
je me hâte de mettre fin à cette digression toute
personnelle à laquelle votre bienveillance m'a entraîné, et de reprendre notre sujet au point où je
crois l'avoir laissé.

Je vous disais qu'il fallait d'abord bien s'entendre sur la valeur réelle de l'industrie agricole
et sur les causes diverses de la grande importance
qu'elle doit avoir dans un pays tel que la France ;
car toutes ces questions, étant ordinairement mal
posées, ne sauraient être bien comprises. En effet,
on veut bien admettre généralement que l'agriculture, considérée uniquement comme l'ensemble
des procédés au moyen desquels on obtient de la
terre tous les objets d'une indispensable nécessité
pour la nourriture, le vêtement, etc., mérite, à
ce titre, d'occuper la première place parmi toutes
les industries ; mais, en l'envisageant d'un point
de vue aussi étroit, il n'est pas possible de s'en
faire une idée un peu exacte et complète, et de
reconnaître que sa prééminence est fondée sur
bien d'autres motifs et sur des considérations de
l'ordre le plus élevé, que je vais indiquer rapidement.

Ainsi, non-seulement l'agriculture est, dans les
temps les plus difficiles, comme au sein de la prospérité générale, la source la plus féconde et la
moins variable de la richesse financière de l'État ;
non-seulement les capitaux qu'elle a depuis si
longtemps fixés dans le sol, et qu'elle ne cesse d'y

déposer chaque année, égalent et surpassent peut-
être la somme des capitaux de toutes les autres
industries réunies ; mais, quand on étudie avec
quelque attention les divers effets de son action et
de son influence, on reconnaît qu'en obtenant de
la terre tant de produits variés, elle modifie la nature et la composition du sol lui-même, et,
par suite, les phénomènes physiques dont l'ensemble constitue le climat particulier de chaque
contrée ; enfin on voit que l'agriculture, par la
diversité de ses travaux, de ses procédés et des
habitudes locales qui en résultent, par la nature et
la variété des produits alimentaires et autres,
qu'elle met à la portée de chacun, détermine
d'une manière absolue, sous le rapport physique,
moral, et même intellectuel, les conditions d'existence de l'immense population qui, plus ou moins
directement, concourt à ses travaux. Vous le voyez,
il s'agit donc du sort des cinq septièmes, suivant
les uns, des six dixièmes, suivant les autres, mais
assurément de plus de la moitié des habitants de la
France. De ces considérations générales, que je
me propose de justifier en les développant, je me
crois fondé à conclure, dès à présent, que ce vaste
sujet est d'un grand intérêt, et qu'il n'en est pas

de plus digne de fixer l'attention et d'appeler
sur lui les méditations des économistes, des philosophes, des moralistes, et surtout des dépositaires
du pouvoir, dont la mission devrait être de travailler sans relâche à améliorer, sous tous les rapports, le sort de leurs concitoyens. Cependant il
ne paraît pas que les hommes d'État de notre
temps, et dans notre pays, aient jamais considéré
ces questions d'un point de vue assez élevé pour se
pénétrer de leur étendue et de leur gravité ; mais,
il faut le dire aussi pour être juste, l'opinion ne
les excite guère à entrer dans cette bonne voie.
Le public, j'entends celui qui se distingue par ses
lumières, ses richesses et la position sociale des
personnes qui le composent ; ce public enfin qui,
quoi qu'on en puisse dire, exerce nécessairement
une influence presque irrésistible sur l'opinion générale, se préoccupe fort peu de ces intérêts ; son
indifférence à leur égard est complète : cependant
on le voit souvent se passionner avec une extrême
vivacité, avec une ardeur vraiment fébrile pour
d'autres intérêts, pour d'autres industries, qui,
appréciés avec une impartiale équité, n'obtien-
draient qu'un rang secondaire.

Je pourrais en citer une foule d'exemples, mais

je choisirai résolûment, comme le plus retentis-
sant de tous, celui que nous offrent les chemins
de fer.

Depuis quelques années, cette industrie et ses
spéculations semblent être devenues la première,
l'unique affaire du pays, l'intérêt qui domine et absorbe tous les autres, sans en excepter la politique.
Dans les salons et les boudoirs comme à la bourse,
dans les conseils du pouvoir comme au sein des
chambres, il n'était question que des chemins de
fer. Le gouvernement, la presse, le public, surtout celui des spéculateurs oisifs et avides, s'en-
thousiasmaient à l'envi et rivalisaient de zèle,
d'éloquence, et souvent de talents, pour célébrer
toutes les merveilles qui allaient apparaître et toutes
les félicités dont la France devait être inondée du
moment où son territoire serait sillonné par des
chemins de fer, sur un développement de cinq ou
six cents lieues. Suivant les prédictions de ces en-
thousiastes plus ou moins désintéressés, désormais
les vœux du patriotisme le plus exigeant allaient
être comblés, surpassés : richesse publique et privée, prospérité générale, sécurité, moralité, étaient
les résultats certains et nécessaires de cette régé-
nération sociale si prochaine ; bien plus, le grand

problème se trouvait résolu : la guerre devenue
impossible, et la paix perpétuelle à jamais fondée
sur la fraternité universelle. Je vous prends à témoin, Monsieur, que je ne suppose rien, que je
n'exagère rien ; car, comme moi, sans doute,
vous avez lu ou entendu cent fois ce que je rapporte. Or, la conséquence bien naturelle de ces
belles promesses était qu'aucun sacrifice ne devait
être épargné, aucun délai supporté; car c'eût été
un crime de retarder d'un jour la réalisation de ces
magnifiques espérances. J'oubliais encore quelque
chose : l'honneur national a aussi été invoqué, car,
vous pouvez le remarquer, presque toujours l'honneur national est mis en jeu quand on veut se
dispenser de donner des raisons, ou qu'on n'en
a pas de bonnes à produire. On disait donc que
l'honneur national exigeait que nous nous hâ-
tions (de nous réunir apparemment), parce que
des voisins et des rivaux nous précédaient et
nous laisseraient loin d'eux dans cette voie glorieuse.

Quoi qu'il en soit de la solidité de tous ces
arguments et du sort que l'avenir réserve à ces
brillants horoscopes, ce qui est certain pour le
présent, c'est qu'un milliard et demi, peut-

être deux milliards, sont sortis du Trésor public ou de la poche des particuliers, ce qui, sous beaucoup de rapports, revient exactement au même, pour s'engloutir dans ces immenses entreprises.

Mais, pendant qu'on se livrait de ce côté à une prodigalité sans bornes, et je dirai sans prévoyance, comment étaient traités les intérêts agricoles ? de quelle sollicitude étaient-ils l'objet ? quelle part leur faisait-on dans toutes ces largesses ? Songeait-on, par exemple, à distraire de tous ces trésors deux ou trois cents millions destinés à venir en aide aux pauvres communes rurales et à leur donner les moyens (qu'elles n'ont pas) de mettre dans un état tolérable leur petite viabilité vicinale, qui, dans une multitude de localités, n'existe pas pour ainsi dire, et est à créer entièrement ? Certes, c'eût été là un acte de sage munificence, ou plutôt de simple équité, et, de plus, c'eût été, j'en suis certain, dans l'intérêt du Trésor, le placement le plus avantageux qu'on pût faire de cette somme. Mais comment songer à tous ceux qui, souvent bloqués pendant plusieurs mois de l'année dans leurs chaumières et dans leurs hameaux, faute de chemins pour en sortir, ne de-

manderaient que de pouvoir se rendre en tout
temps au marché voisin, ou même à l'église de
leur paroisse, pour entendre la messe et faire bap-
tiser leurs enfants, quand il s'agit de procurer à
des favorisés les moyens d'aller en quelques heures
de Paris au Havre, à Bruxelles, à Nantes, à Bor-
deaux, Marseille, etc.? C'eût été une prétention
exorbitante de la part de ces pauvres villageois,
dont pas un ne montera de sa vie dans un wagon,
mais qui tous auront eu l'honneur de payer leur
large part des frais de ces merveilleux voyages
qu'ils ne feront jamais. Non, il n'y a jamais d'argent pour eux et pour leur venir en aide ; voyez
plutôt quand il s'est agi d'alléger l'intolérable far-
deau de l'impôt sur le sel, et de permettre ainsi
au pauvre cultivateur de saler sans parcimonie sa
maigre pitance, et de préparer à moins de frais la
conservation de la seule viande, celle de porc, dont
ses faibles moyens lui permettent l'usage, souvent
très-restreint ? Ne s'est-il pas élevé tout à coup
une foule d'objections insurmontables, et les vœux
le plus formellement réitérés ne sont-ils pas de-
meurés stériles et sans effet ? Je pourrais multiplier
à l'infini les exemples et les citations de ce genre ;
mais je ne les pousserai pas plus loin ; peut-être

même aurais-je agi prudemment en m'abstenant de rappeler les faits, exacts assurément, mais dont le souvenir est importun maintenant, et surtout en évitant de m'attaquer à l'idole, à la merveille de notre temps, à cette panacée sociale qui doit guérir tous les maux, notamment la misère et le paupérisme, ce dont on serait bientôt convaincu, si l'on en doutait, en jetant les yeux sur la Belgique, l'Angleterre, et même l'Irlande. En punition de ma témérité, il se pourrait que je fusse tenu pour un ennemi du progrès, un partisan du *statu quo*, enfin pour un rétrograde achevé. Cela ne me surprendrait pas du tout et ne m'inquiéterait pas davantage ; attaqué sur ce terrain, je suis tout prêt à me défendre. Mais j'ai besoin de m'excuser auprès de vous pour cette boutade un peu trop vive, car j'avais tort, je le reconnais. En effet, ne faut-il pas que chaque siècle ait *son système?* et j'aurais dû m'en souvenir. Permettez-moi de terminer cette lettre, déjà bien longue, par quelques réflexions, ou plutôt quelques aveux qui pourront, je l'espère, me concilier votre indulgence.

Nous autres agriculteurs, nous ne sommes ni des capitalistes puissants ni des spéculateurs hardis et entreprenants ; bien loin de là, nos habitudes

sont prudentes, timides même, et nos idées vont
un peu terre à terre, et vous comprenez qu'il doit
en être ainsi. Quant à nos ressources, elles sont
très-bornées, et c'est par sommes fort modiques
que se comptent les épargnes qu'il nous est permis,
après tant de charges acquittées, de consacrer à
quelques améliorations nécessairement restreintes;
aussi le mouvement de ces innombrables millions
et la rapidité avec laquelle ils sont absorbés dans
les entreprises colossales dont à la ville on tire
tant de vanité, tout cela nous donne le vertige et
nous cause plus d'étonnement que d'admiration.
Quant à moi, je le confesse, je partage jusqu'à un
certain point ce qu'on appellera peut-être les préjugés de notre profession : ainsi je pousse à l'excès
l'horreur du gaspillage et de la prodigalité qui se
révèlent si souvent par la disproportion entre les
dépenses faites et les résultats utiles obtenus. Faire
beaucoup avec peu est, selon moi, le chef-d'œuvre
en tout genre : avec de grands moyens produire
peu, c'est folie, et même folie coupable, quand le
public en paye les frais. Que n'aurais-je pas à dire
sur les immenses moyens employés à détruire ce
qui a coûté tant de soins, de temps et souvent de
larmes ! Mais je me tais... Bien des gens, encore

de nos jours, appellent cela de la gloire ! Voilà, Monsieur, quelques-uns des aphorismes à mon usage ; je m'en sers, au besoin, comme d'une pierre de touche pour estimer la valeur des choses et même aussi des hommes. Toutes ces pensées me reviennent souvent à l'esprit dans le mouvement de la vie politique ; mais bien plus encore à présent que j'ai le bonheur, trop court il est vrai, de me retrouver en mon gîte, où je songe,

« Car que faire en un gîte, à moins que l'on ne songe ? »

Je songe donc et tout naturellement, ayant les objets et les souvenirs présents, à la modicité des moyens dont j'ai pu disposer pour mes essais agricoles, à toutes les fautes que j'ai commises dans l'emploi de ces faibles ressources ; et cependant, quand je vois les résultats obtenus et qui sont incontestables, ainsi que l'heureux élan imprimé autour de moi dans un rayon assez étendu, je ne puis m'empêcher de m'écrier : « Que ne ferait-on pas avec ces milliards habilement mis en œuvre ! » Je songe encore à la prospérité, au bien-être qui en découleraient et qui se répandraient par mille canaux vivifiants sur notre chère patrie,

et, me laissant entraîner au cours de ces réflexions, j'en viens à me demander s'il ne vaudrait
peut-être pas mieux enrichir et fertiliser notre pays
que d'aller dévaster d'autres contrées; dessécher
nos marais, défricher nos landes et en expulser de
compagnie la misère et les fièvres meurtrières,
que d'envoyer si loin nos enfants prendre ces
fièvres et en mourir. La réponse ne se fait pas
attendre : tout cela me paraît si clair, si évident,
que je suis forcé de me dire : « Mais on ne sait
donc pas que notre sol est encore bien misérablement exploité, et qu'il renferme dans son sein des
trésors de tous genres, que semblent dédaigner ceux
qui pourraient en jouir s'ils le voulaient ? » Sans
doute, ils n'y croient pas. Il ne faut donc pas se
lasser de le répéter et de le prouver de manière à
mettre hors de doute cette utile vérité. C'est la
mission que je voudrais remplir si j'en étais capable; c'est, j'en conviens, mon idée fixe, c'est
elle qui m'a mis la plume à la main et qui me la
fera reprendre encore si vous n'êtes pas rebuté
par mes excentricités toutes rustiques et par mes
excursions vagabondes, semblables aux sentiers
rudes et mal frayés que chaque jour je parcours
en rêvant, et qui, après d'assez longs détours,

finissent cependant par m'amener au but où je tendais.

Agréez la nouvelle assurance de ma considération la plus distinguée.

V. TRACY.

Paray-le-Fraisil, le 28 octobre 1847.

TROISIÈME LETTRE.

———

Monsieur,

Dans la dernière lettre que je vous ai adressée,
je n'ai fait qu'indiquer rapidement, et d'une manière sommaire, les points principaux de la question
agricole et ses rapports les plus essentiels avec des
intérêts sociaux très-importants ; il me reste à justifier mes assertions par quelques développements
basés sur les faits et sur l'expérience. Je commen-
cerai par ce qui concerne la richesse publique.
Pour comprendre à quel point celle-ci est liée au
développement et à la prospérité de l'agriculture,
il suffirait de remarquer que cette industrie étant

exercée par une immense population, répandue sur un vaste territoire, il n'y a pas, quelque faibles qu'on les suppose, de perfectionnement dans ses procédés, d'amélioration dans les conditions de son existence, qui, propagés et développés, ne doivent avoir sur la production générale une très-grande influence, et amener des résultats très-importants. Une vérité aussi simple n'a presque pas besoin d'être prouvée ; cependant il ne sera peut-être pas inutile de produire quelques exemples, que je choisirai pour ainsi dire au hasard entre un grand nombre d'autres, et qui rendront cette vérité encore plus évidente.

Le premier me sera fourni par une opération des plus ordinaires et des moins remarquées, le battage des grains. Pour les extraire des épis qui les renferment, l'usage général est d'employer le fléau dans le nord et la région moyenne de la France, et le dépiquage dans le midi ; ce dernier procédé consiste à faire fouler les gerbes par des animaux : l'un et l'autre sont également imparfaits. Admettons qu'il se récolte annuellement en France deux cents millions d'hectolitres de tous grains. Je ne garantis pas ce chiffre, que je serais tenté de croire trop faible ; mais son exactitude n'est pas ici une chose essentielle. Si ces grains eussent été extraits au moyen des machines à battre dont l'Écosse célèbre et glorifie le premier inventeur comme un bienfaiteur de son pays, le rendement, c'est chose reconnue, eût été de 3 ou 4 pour 100 plus considérable ; on eût donc obtenu 6 ou 8 millions d'hectolitres de plus. Admettons encore que le prix de chaque hectolitre, l'un dans l'autre, soit de 15 francs, voilà une valeur de 100 millions environ créée, en quelque sorte, par le changement survenu dans une seule des nombreuses manipulations agricoles.

Je ferai remarquer à cette occasion que dans les circonstances si pénibles que nous venons de traverser, malgré tous les efforts produits par l'intérêt public et privé, l'importation des grains étrangers par nos frontières de terre et de mer n'a pas, je crois, dépassé le total de 11 millions d'hectolitres. Ainsi un battage plus parfait aurait donc fourni les deux tiers de ce qui a été obtenu avec tant de peine et à si grands frais.

Je passe à un autre exemple, qui ne me paraît pas moins digne d'attention. Peu de personnes s'inquiètent assurément d'une espèce d'outil formé de quelques morceaux de bois, de fer ou de fonte, qu'on appelle une charrue, et dont je veux pourtant m'occuper un moment. On est d'accord, généralement, qu'il faut au moins une charrue pour 50 hectares de terre arable ; admettons qu'il y ait en France 25 ou 30 millions d'hectares de terres cultivées à la charrue, il existerait donc en France 500,000 charrues au moins, que nous supposons devoir travailler 200 jours dans l'année. Estimant à 6 francs le prix d'une de ces journées, cela fait pour chaque charrue une dépense annuelle de 1,200 francs, et, pour toutes les charrues, celle de 600 millions. Ce chiffre est considérable, sans doute ; mais son élévation ne surprendra pas les personnes qui ont réfléchi à l'immensité des avances de tout genre (et dont celle-ci n'est qu'une faible partie), qu'exige une industrie aussi vaste que celle dont nous nous occupons. Quoi qu'il en soit, supposons maintenant que, par un perfectionnement de cette machine, souvent si défectueuse, le tirage qu'elle exige soit considérablement diminué, ou que le travail qu'elle exécute dans un temps donné soit notablement augmenté, et qu'enfin il résulte de ces changements une diminution dans la dépense journalière d'un sixième seulement ; voilà une réduction de 100 millions sur cet article de dépense annuelle, ou la création d'une pareille somme de valeur ; car personne ne contestera, je pense, qu'une réduction dans les frais de production ne soit justement équivalente à une augmentation toute pareille de produits.

Les deux exemples que je viens de citer suffiront sans doute pour en faire pressentir et entrevoir une multitude d'autres du même genre, plus ou moins importants et qui nous mèneraient à des conclusions analogues. Ainsi l'on verrait, par exemple, que l'imperfection et la grossière construction de la plupart des véhicules employés dans nos campagnes, défauts occasionnés par la pauvreté des cultivateurs, et, trop souvent aussi, par le détestable état des chemins, diminuent d'une manière étonnante la force des chargements, et augmentent dans la même proportion les frais de tous les transports. Des changements heureux dans les conditions actuelles de cette partie de l'économie rurale produiraient dans les dépenses des économies incalculables.

Quant à l'augmentation directe de la production, quelle ne serait pas sa portée, son étendue, si les différents procédés de culture étaient généralement ce qu'ils devraient être, si les engrais étaient tous recueillis et employés avec soin et intelligence, ainsi que les divers amendements, dans lesquels sont comprises les eaux d'irrigation ; si les races d'animaux étaient perfectionnées comme elles pourraient l'être ; si le choix des semences de toute espèce, et des plus productives, était fait avec intelligence et sans une parcimonie mal entendue ! Mais je ne finirais pas si je voulais entrer seulement dans une très-petite partie de tous ces détails ; ce serait d'ailleurs une sorte de traité d'économie rurale qu'il me faudrait esquisser, et tel n'est pas mon objet ; je n'ai voulu que donner matière à réfléchir, et le peu que j'en ai dit doit suffire. J'ose affirmer que ces diverses améliorations réunies augmenteraient la richesse générale de bien des centaines de millions.

Malgré le rapport intime qui existe entre la richesse publique et le bon état des finances, je veux cependant m'arrêter quelques moments sur ce qui concerne les intérêts particuliers du Trésor ; car je n'accepte pas, pour ma part, le reproche qui nous a été fort injustement adressé d'être indifférents ou même hostiles à ces intérêts. J'ai bien pu quelquefois attaquer le fisc assez rudement, l'accuser d'être inintelligent, tantôt dans ses exigences excessives, tantôt dans ses refus obstinés à des réformes utiles ; mais, au fond, je le crois encore plus à plaindre qu'à blâmer. Riche mal aisé, prodigue par faiblesse, je le crois, le Trésor subit les conséquences de cette situation. Or, en dépit des meilleures intentions, un prodigue ne saurait être vraiment généreux et bienfaisant, ni même bon administrateur de sa fortune ; il ne le peut. Trop heureux s'il conserve intacts son honneur et sa dignité ; car, comme dit le bonhomme Richard : « Il est difficile qu'un sac vide puisse se tenir debout. » Quoi qu'il en soit, il me sera facile de prouver que le Trésor, dans son intérêt le plus matériel, le plus égoïste, doit faire tous ses efforts pour que l'agriculture soit prospère et féconde autant que possible. Chacun connaît le vieil adage de « où il n'y a rien, le roi perd ses droits ; » en opposition à cette vieille maxime d'une vérité naïve, on peut dire de nos jours que, quand l'aisance est générale, l'argent afflue au Trésor avec abondance et de toutes parts. Ainsi, dans le cas qui nous occupe, quand les cultivateurs sont à l'aise, nécessairement leurs consommations augmentent, et avec elles le produit des contributions indirectes ; mais l'agriculture ne saurait prospérer sans que la

population s'accroisse et que les constructions de
tous genres s'étendent et se multiplient, ce qui
donne lieu à de nouvelles sources de revenus publics ; cela n'a pas besoin d'être expliqué. Mais
parmi les divers impôts, il en est un qui mérite une
attention particulière dans cette question : c'est
celui qui se perçoit sur les mutations; car, à chacune d'elles, cet impôt fait entrer dans les coffres
de l'État environ le quinzième du prix de l'immeuble vendu. Considérez maintenant qu'il existe
en France d'immenses étendues de terres, ou tout
à fait incultes, ou fort mal cultivées, dont l'hectare
ne vaut pas fort souvent, 150 ou 200 francs, et
qui, soumises à une culture intelligente, devraient
acquérir très-promptement, et, selon moi, très-
certainement, une valeur décuple, c'est-à-dire de
1,500 à 2,000 francs par hectare, et même quelquefois beaucoup supérieure, comme cela se voit
quand certains terrains vagues ou presque sans produits sont transformés en prairies arrosées, qui
peuvent très-souvent s'affermer 100 francs l'hectare, et même beaucoup plus. Par ce simple aperçu,
chacun pourra juger de l'accroissement des revenus publics qui résulterait de ces transformations, qui peuvent et *doivent* s'opérer sur plusieurs

millions d'hectares. Si tout ce qui précède est exact et ne saurait être raisonnablement contesté, ai-je eu tort d'avancer qu'il ne s'agissait de rien moins que d'augmenter la richesse nationale de plusieurs milliards, et les ressources financières de l'État dans une proportion semblable? Il me resterait à faire voir par les détails d'exécution et en citant des faits concluants, comment toutes les améliorations que j'ai indiquées sont non-seulement très-possibles à réaliser, mais même facilement et promptement. Mais je me verrais entraîné au delà des bornes que je dois m'imposer, et je laisse la question financière pour aborder un autre ordre d'idées et d'intérêts, dont je veux dire quelques mots.

Tout ce qui concerne la classe si nombreuse des ouvriers vivant de salaires malheureusement fort modiques, tout ce qui touche à leurs moyens d'existence, est de nos jours l'objet d'une juste sollicitude qui honore notre époque et que des circonstances bien pénibles et toutes récentes ont encore plus vivement excitée. On a pu reconnaître plus que jamais que les variations brusques et considérables dans le prix des substances alimentaires et du pain, la plus importante de toutes, étaient d'immenses calamités : il n'y a donc rien de plus dési-

rable que d'obtenir dans le prix de ces denrées une
fixité constante, ou du moins la moindre variabilité
possible, conditions bien plus essentielles que ne
serait l'abaissement absolu du prix de ces denrées.
C'est dans le désir louable d'atteindre ce but que
beaucoup de discussions se sont élevées, que bien
des projets ont été inventés ou exhumés de l'oubli ou du discrédit que, selon moi, ils avaient mérité. Dans ce nombre, je placerai le système des
greniers d'abondance, préconisé par des personnes
très-recommandables et, je le dis avec regret, par
un des hommes que j'aime, que j'estime et que
j'admire le plus sincèrement : cependant, malgré
mon respect pour ses lumières et les nobles sentiments qui fécondent son beau talent, je ne puis
m'empêcher de penser que le système des greniers
d'abondance, inefficace puisqu'il ne crée pas un
atome de subsistances, et qu'au contraire il occa-
sionne des pertes énormes par avaries, intérêts de
capitaux oisifs, etc., est, avant tout, empreint d'un
caractère d'injustice que je dois signaler comme un
des nombreux exemples de cette tendance générale, inaperçue, instinctive en quelque sorte, qui
porte à sacrifier les campagnes aux intérêts des
villes. En effet, pour remplir les greniers établis

dans celles-ci, il n'y a pas d'autre moyen que d'aller au dehors, faire à des prix élevés des achats de grains ; de sorte que les pauvres cultivateurs, dont les pénibles travaux ont créé ces subsistances devenues trop rares, se les verraient enlever par une concurrence qu'ils ne pourraient soutenir : cela me paraît d'une injustice révoltante. Mais quant à la question en elle-même, la solution n'est pas où on se flatte de la trouver : je ne crois pas, je l'avoue, qu'elle puisse être complète ; elle ne peut consister que dans l'atténuation d'un mal contre lequel un remède, même imparfait, serait encore très-précieux. Ce remède, je ne le vois que dans des cultures variées et dans des assolements flexibles qui permettent de demander à la terre des produits que les circonstances réclament. En variant les éléments de l'alimentation, on diminue le danger résultant d'une saison désastreuse, dont l'effet est si funeste lorsqu'elle frappe sur la denrée servant exclusivement à la nourriture des habitants, comme dans les pays où l'on ne cultive presque pas autre chose que les céréales. Cela est si vrai, que sans la fatale coïncidence de la maladie des pommes de terre avec une mauvaise récolte de grains en 1846, la détresse dont nous avons été

récemment affligés aurait été bien moins grande,
et presque nulle dans plusieurs parties de la France.
Quant à la flexibilité des assolements, dont je viens
de parler, il est bon de le faire remarquer, elle ne
peut exister que pour les sols naturellement très-
fertiles, qui sont toujours de très-rares exceptions,
ou pour ceux qu'une culture perfectionnée a portés
au même degré de fertilité. En effet, on s'abuse-
rait tout à fait si l'on pensait qu'il dépend toujours de la seule volonté du cultivateur de faire
produire à sa terre autre chose et en plus grande
quantité qu'il n'a l'habitude de le faire ; c'est le
contraire qui a lieu généralement, et cela par des
causes et des nécessités qu'il faudrait d'abord modifier ou faire disparaître. En résumé, les meilleurs, les seuls véritables greniers d'abondance
consistent dans une agriculture intelligente et
pourvue des moyens qui lui sont nécessaires pour
atteindre à une perfection suffisante. Je terminerai
ce qui concerne cette grave question par une observation qui me paraît satisfaisante du moins pour
l'avenir de notre pays.

Il est malheureusement trop vrai que, par le fait
d'une saison contraire, un bon cultivateur peut
voir s'évanouir les espérances les mieux fondées,

et n'obtenir qu'une récolte très-inférieure à celles
des années précédentes ; cependant cette différence
est toujours bien moins grande sur des terres amenées à un notable degré de fertilité que sur celles
restées encore dans une condition inférieure : ainsi,
tandis que pour celles-ci la diminution a pu des
cendre jusqu'aux trois quarts, pour les premières
c'est la proportion tout inverse qui s'observe, et
la réduction ne dépasserait guère le quart d'une
année ordinaire. C'est ce qu'une expérience personnelle m'a confirmé lors de la mauvaise récolte
de 1846. Ainsi, tandis qu'autour de moi la plupart des cultivateurs, presque tous métayers, ré-
coltaient à peine deux fois la semence, j'obtenais
huit ou neuf hectolitres pour un, et chez moi la
moyenne est de onze à douze fois la semence.
Grâce à cette exception en ma faveur, j'ai eu la
satisfaction très-grande de pouvoir soulager et prévenir bien des souffrances, dont j'aurais pu, sans
cette heureuse circonstance, me trouver trop souvent le spectateur impuissant. Si j'ai cité, non sans
regret, un fait qui m'est personnel, ce n'est pas
assurément pour satisfaire ma petite vanité de cultivateur, c'est parce que ce fait me fournit une
preuve certaine de plus qu'une bonne agriculture

est encore le meilleur préservatif d'une des calamités les plus affreuses qui puissent affliger l'humanité, je veux dire la famine et même la disette des subsistances. Mais les bienfaits qu'elle peut répandre sur les populations ne se bornent pas à ceux que j'ai déjà rapidement indiqués, il en est d'une nature différente et qui méritent bien d'attirer notre attention.

J'ai dit, dans ma précédente lettre, que la culture modifiait la nature même du sol et les diverses circonstances qui constituent le climat. Ce fait incontestable peut exercer la plus heureuse influence sur l'état physique et même moral des habitants; car l'homme, pas plus que les animaux, n'échappe à l'action de ces causes naturelles, en un mot, il est *plante* à beaucoup d'égards et dans de certaines limites. Pour en être convaincu, il suffit de visiter certaines contrées de la France, où l'on voit végétant, sur un sol froid et humide, couvert de bruyères et d'ajoncs, parsemé de rares cultures de seigle, de sarrasin et de pommes de terre, une population débile, dont la physionomie douce, mais sans énergie, décèle la souffrance ou du moins un état maladif presque habituel. On a écrit et débité trop souvent de pures inventions, de véritables romans sur les félicités des habitants de la campagne ; au nombre de ces félicités figure toujours l'avantage de jouir constamment d'une santé robuste, fruit du travail et de la sobriété. Mais la vérité manque à ces riants tableaux, et nos faiseurs de pastorales auraient sans doute un peu rembruni leurs textes s'ils avaient assisté à quelques séances de certains conseils de révision ; car ils auraient été forcés de voir de leurs propres yeux toutes les misères physiques, toutes les infirmités qui affligent un si grand nombre de jeunes gens parmi ceux qui sont appelés chaque année pour le service militaire. On est frappé, à cette vue, de la relation intime qui existe entre ces maux et les circonstances physiques sous l'influence desquelles ces jeunes gens sont nés et se sont développés. Cette relation est tellement évidente, que bien des personnes en concluent que le mal est sans remède et que les choses sont ainsi par la loi de la nécessité ; il arrive souvent que ceux mêmes qui en souffrent le plus sont le plus disposés à s'y résigner, comme à une inévitable et toute-puissante fatalité. Heureusement c'est une erreur complète ; heureusement, par une harmonie vraiment providentielle, les intérêts de la production sont d'accord avec ceux de l'humanité, et la culture, en se perfectionnant, tend sans cesse à diminuer les influences nuisibles et souvent délétères émanées de certains sols. Ainsi, par exemple, le séjour des eaux à la surface de la terre ou dans ses couches peu profondes est nuisible à la végétation à tel point, que le premier soin d'un cultivateur intelligent doit être de faire disparaître cette cause d'infécondité en procurant à ces eaux leur écoulement par tous les moyens possibles. D'un autre côté, la stagnation de ces mêmes eaux n'est pas moins funeste à la santé des hommes, et je suis convaincu qu'elle est la cause principale des fièvres intermittentes, véritable fléau des campagnes dans une grande partie de la France, et notamment dans les contrées dont le sol, composé, dans diverses proportions, d'alumine et de silice, repose sur un sol glaiseux, souvent ferrugineux et toujours imperméable [1]. Or, je ne crains pas d'affirmer que le quart au moins du territoire de la France est dans ces conditions géoponiques. Ce sol est celui de toutes les landes en général, et d'une grande partie de l'ouest, du centre et de l'est du royaume. Des

[1] Dans ces mêmes contrées, l'emploi de la marne ou de la chaux est, comme l'assainissement des terres, également favorable à la production.

sols de cette espèce, pauvres par leur nature et bien plus pauvres encore par leur mauvaise culture, ne produisent que des denrées alimentaires peu substantielles, et la nourriture habituelle de la population chétive et débile qui les couvre se compose, en général, de pain de seigle ou de galette de sarrasin et de pommes de terre, sans que l'usage des boissons fermentées vienne corriger la fadeur de ces aliments, car l'eau est presque toujours le seul liquide dont s'abreuvent les gens de la campagne, trop pauvres pour avoir du vin dans leur ménage. Quant à la viande, la même cause ne leur permet pas de s'en procurer, si ce n'est de celle de porc salé, mais plutôt comme assaisonnement et pour remplacer le beurre, dont l'usage est peu commun, à cause de son prix trop élevé. Il est facile de comprendre qu'une alimentation d'une nature différente, plus tonique et moins dépourvue de principes animalisés, serait la condition essentielle d'une hygiène appropriée à cette population ; cependant aucun changement de ce genre n'est à espérer, tant que la culture restera ce qu'elle est depuis des siècles. Au contraire, un des premiers effets de l'amélioration de l'agriculure serait de substituer peu à peu la production du froment à celle du seigle, de propager et d'étendre la culture des plantes de la famille des légumineuses, excellentes pour les hommes comme pour les animaux ; enfin, et surtout, de répandre un peu d'aisance et par suite les moyens de se mieux nourrir. Le même effet se ferait également sentir à l'égard des habitations, qui deviendraient moins humides, mieux closes et mieux éclairées, dès lors plus saines et plus propres. Tout se tient et se lie, le bien comme le mal. L'aisance, le premier remède à bien des maux physiques, devient, en les diminuant, une cause d'augmentation d'aisance, tandis que les maux, engendrés souvent par la misère, contribuent à accroître encore cette misère elle-même. Ainsi, comme je vous le disais plus haut, par une admirable concordance, tout ce que l'agriculture doit faire dans l'intérêt de la production des sols pauvres et ingrats tend également à faire disparaître les causes d'insalubrité et à relever la constitution et la condition des habitants de la campagne.

Si nous abandonnons maintenant le point de vue matériel de la question agricole pour son côté moral, nous verrons que l'amélioration de la culture produit des effets analogues à ceux que je viens d'indiquer, et qu'elle a pour résultat de lever une multitude d'obstacles que le développement moral et intellectuel rencontre dans bien des contrées pauvres et arriérées.

S'agit-il, par exemple, de donner aux enfants les connaissances les moins relevées, l'instruction la plus élémentaire, que de difficultés presque insurmontables ne rencontre-t-on pas, d'abord dans la pauvreté des parents, ensuite dans la dissémination des habitations, la difficulté des communications et l'éloignement du centre de la commune où réside l'instituteur ; enfin dans les habitudes semi-pastorales du pays, où quelques chétifs animaux parcourent tout le jour de maigres pâturages, sous la garde de jeunes enfants dont les services ne sont pas sans quelque utilité, et que, pour cette raison, les parents se refusent à envoyer aux écoles ! J'ajouterai que ce genre de vie mené par des enfants des deux sexes a toutes sortes d'inconvénients et même de dangers que chacun peut comprendre et deviner. Il diffère essentiellement de celui imposé par les travaux actifs et réguliers que peut offrir une agriculture perfectionnée et qui, dans la belle saison, ne manquent pas d'occuper des individus des deux sexes et même des enfants assez jeunes, récompensés par un salaire proportionné

à leur force et à leur bonne conduite. J'ajouterai
que l'agriculture perfectionnée emploie des instruments dont l'usage demande plus d'adresse et d'intelligence, qu'elle apporte dans ses cultures
variées un soin et une prévoyance inconnus jusqu'alors, et que tout cela contribue à faire naître
chez les habitants des campagnes de bonnes dispositions intellectuelles et morales, en les obligeant
à raisonner les travaux qu'ils exécutent, au lieu
de les accomplir en quelque sorte d'une manière
automatique, en suivant les instincts d'une routine
séculaire ; en un mot, cela les habitue à penser, à
comparer, à réfléchir, ce qui est toujours le premier pas à faire dans la voie du bien-être et de la
moralité.

Je suis bien loin d'avoir épuisé le sujet dont
j'avais indiqué les points de vue les plus importants ;
car ce sujet est, à mes yeux du moins, d'une très-
vaste étendue, et j'aurais pu faire entrer dans mon
cadre une foule de considérations accessoires ; mais
elles n'auraient pas sans doute pour le plus grand
nombre des lecteurs l'intérêt que je suis disposé à
leur accorder. En pareille matière, je puis très-
justement être suspect d'une partialité que je reconnais, que j'avoue, mais contre laquelle je dois

être moi-même en défiance. Quoi qu'il en soit, je crois avoir montré que, sous le rapport de la richesse publique et privée, du développement physique, moral et intellectuel de la population des campagnes, et en particulier de celles des plus pauvres contrées, l'avénement d'une agriculture intelligente dans ses méthodes et ses procédés serait le commencement d'une ère toute nouvelle pour de vastes territoires. J'affirme de nouveau que tant d'heureux changements, que tant d'avantages si divers peuvent se réaliser sans de grandes difficultés, et bien plus promptement qu'on ne le supposerait ; je le dis avec une entière conviction, car j'ai sur ce point la foi la plus robuste, et mon plus grand regret est de ne pouvoir, par une expérience faite sur une très-grande échelle, convaincre les plus incrédules. Dominé par cette pensée, il m'est arrivé quelquefois de supposer, de rêver que je me trouvais tout à coup possesseur de 20, de 30 millions, ce qu'on appelle maintenant être *à son aise.* Eh bien, dans cette supposition, je n'aurais pas pensé à bâtir des hôtels magnifiques, ni même des *villas,* des châteaux à la porte ou à quelques lieues de Paris, je me serais tout simplement passé la fantaisie de métamorphoser en un véritable jardin,

très-pittoresque et non moins productif, un canton
tout entier, mais un canton bien pauvre, bien mal-
heureux, bien arriéré, ce que je n'aurais pas eu
de peine, je vous assure, à découvrir dans *notre
belle France*, comme on dit, dont un tiers au
moins est inculte ou à peu près. Sans rien changer
à mes habitudes, il m'aurait suffi d'avoir, par la
création de ce nouvel Éden, résolu d'une manière
irrécusable une question d'une grande importance
et plus que contestée. Tel est le rêve ou plutôt le
projet que j'aurais certainement réalisé, si j'en
avais eu les moyens ; et n'y a-t-il pas lieu de s'étonner qu'une idée si bonne, si utile, et, ce qui ne
gâte rien, si profitable, ne soit jamais tombée dans
la tête de quelques-uns de nos puissants seigneurs
de la finance ou de la propriété foncière, tandis que
des exemples de ce genre ont été donnés en Angleterre, en Allemagne et en Italie par des particuliers, des princes et même des rois, témoin le
grand Frédéric, qui, vainqueur et arbitre de l'Europe, ne dédaigna pas, pendant les loisirs d'une
longue paix, de consacrer ses soins et ses trésors
à fertiliser les marécages sablonneux formant de
vastes territoires dans ses États et s'étendant jusqu'aux portes de la capitale ?

Quant à l'indifférence qui s'est toujours rencontrée chez nous pour les grandes entreprises agricoles, il me serait facile d'en donner une explication satisfaisante, mais il faudrait peut-être remonter un peu haut dans l'histoire de notre société moderne, et entrer dans des développements qui trouveront bientôt et tout naturellement leur place, lorsque je chercherai les causes qui ont pu et qui peuvent encore actuellement favoriser ou retarder dans notre pays les progrès de l'agriculture ; l'examen de ces questions complexes sera le sujet des lettres faisant suite à celle-ci, et que je me permettrai de vous adresser.

V. TRACY.

Paray-le-Fraisil, décembre 1847.

QUATRIÈME LETTRE.

———

Monsieur,

Je ne sais si j'ai réussi, comme je le désirais, à mettre en évidence les nombreux bienfaits qu'une agriculture active et intelligente répandrait infailliblement sur notre pays ; mais mon but serait imparfaitement atteint, si je n'étais pas parvenu en même temps à faire comprendre que ces précieux avantages peuvent être obtenus sans de grandes difficultés, et surtout sans imposer aucun sacrifice à personne, ni aucune charge nouvelle à l'État, puisque les améliorations entreprises et réalisées, uniquement dans des vues d'intérêt privé, n'en sont pas moins des causes involontaires, mais assurées, de prospérité générale. Ce point est, à mon sens, d'une grande importance : en effet, l'amour de l'humanité, le patriotisme, peuvent bien enfanter des entreprises utiles et désintéressées; mais ces inspirations ne saisissent que les âmes élevées, qui sont toujours des exceptions; tandis que l'intérêt personnel, le désir du bien-être et l'appât de la fortune sont des stimulants généraux qui agissent indistinctement sur tous les individus composant cette masse confuse, mêlée, qu'on appelle le monde, où chacun pense d'abord à soi, à son intérêt, et s'il paraît éprouver quelque velléité de générosité à l'égard d'autrui, c'est trop souvent à la manière de Chicaneau des *Plaideurs*, quand il dit avec émotion à sa fille :

> « La pauvre enfant! va, va, je te marierai bien,
> » Dès que je le pourrai sans qu'il m'en coûte rien. »

Je n'ai donc pas tort de me féliciter que, pour produire tant de bien, il ne soit pas nécessaire de faire appel au dévouement, aux sacrifices; mais qu'il suffise de compter sur l'intérêt personnel le plus positif, pourvu qu'il soit éclairé. Voyons, maintenant, comment et par qui ces progrès peuvent être réalisés, car, dans l'industrie agricole, comme dans toute autre, rien ne se fait seul et sans que la volonté et la puissance de l'homme aient besoin d'intervenir. D'abord, il semble évident que ces heureux changements ne peuvent être opérés que par ceux qui exploitent le sol, et qui, en France du moins, forment quatre grandes classes ou catégories que je rangerai dans l'ordre suivant :

1° Les petits propriétaires ou locataires, qui possèdent ou tiennent à loyer une maison et une petite étendue de terre, généralement travaillée à la main; car les cultivateurs de cette classe n'ont pas ordinairement des animaux de trait pour mettre en œuvre les instruments aratoires.

2° Les métayers ou colons, qui ne possèdent que leur mobilier, et qui exploitent une ferme plus ou moins considérable, appelée domaine ou métairie, avec des bestiaux appartenant au propriétaire. Ils abandonnent à celui-ci une partie de tous les produits, grains, profits de bestiaux, etc., et cette partie, qui s'appelle la part du maître, est censée ordinairement s'élever à la moitié de tous les produits que je viens d'indiquer.

3° Les fermiers, qui, le plus souvent, mais toujours dans les pays riches, possèdent tout ce qui concourt à l'exploitation de la ferme : semences, bestiaux, voitures, instruments aratoires, etc., et le capital suffisant pour payer leurs ouvriers et même les termes échus de leur bail avant que le produit de la ferme les ait fait rentrer dans leurs avances.

4 Enfin les propriétaires, que j'appellerai grands propriétaires, par opposition à ceux de la première classe, et non pas dans le sens qu'on donne généralement à ce mot ; car il suffit ici que le propriétaire de cette classe possède un bien rural assez étendu pour qu'il puisse employer les instruments aratoires au moyen de chevaux ou de bœufs lui appartenant, ainsi que les terres et les bâtiments d'exploitation ; le propriétaire de cette quatrième classe dirige, ou fait diriger par une personne ayant sa confiance, tous les travaux qui s'exécutent chaque jour ; en un mot, il fait valoir son bien directement et comme il lui convient.

Ces quatre grandes divisions ne sont pas d'une rigoureuse exactitude, et peuvent renfermer quelques subdivisions de peu d'importance ; mais elles suffisent pour notre objet, qui est de déterminer comment elles peuvent concourir au développement des progrès agricoles, en examinant chacune d'elles successivement sous ce point de vue. Toutefois, il n'est pas inutile de bien préciser ce que c'est que le progrès en agriculture, car il y a encore bien des personnes qui nient la possibilité des progrès et les progrès eux-mêmes, prétendant qu'ils peuvent, tout au plus, consister dans quelques résultats temporaires, produits par des causes accidentelles et variables, comme l'habileté personnelle d'un cultivateur, sa bonne conduite, son activité, et surtout son économie; car, suivant ces mêmes personnes, « le bénéfice le plus clair est l'argent qu'on ne dépense pas. » Cette sentence, débitée d'un air capable, comme je l'ai si souvent entendue, a l'apparence d'un axiome, et cependant c'est tout simplement une erreur grossière, ou une de ces vérités si vraies qu'elles sont de pures niaiseries. Il est évident que de l'argent mal dépensé est une perte sèche qu'il faut éviter; mais il est certain aussi qu'on ne fait rien avec rien, que pour recueillir il faut avoir semé; que dans toute industrie quelconque il faut faire des avances; qu'une opération est bonne si elle fait rentrer les avances avec un bénéfice convenable, et qu'elle est excellente si, l'étendue des avances s'augmentant, les bénéfices s'élèvent en proportion. Ainsi, pour ne laisser aucune place à la moindre incertitude, je dirai, dans le cas dont il s'agit, il y a progrès, lorsque sur une superficie donnée de terre, et pendant une période d'années suffisamment longue, la production sera augmentée avec profit ou bénéfice pour celui qui aura réalisé cet accroissement de production : cela posé, examinons les différentes classes de cultivateurs mentionnées plus haut, en vue de l'influence qu'elles peuvent avoir sur l'objet qui nous occupe.

Quant à la première, celle des petits propriétaires ou locataires, il est facile de comprendre que des améliorations de quelque importance ne peuvent venir d'eux : soit que déjà le petit terrain qu'ils cultivent, à cause même de son exiguïté et du travail à la bêche plus parfait que celui à la charrue, ait atteint un degré de production difficile à dépasser, soit que les moyens ou les idées leur manquent pour faire quelque changement utile à leurs procédés, toujours est-il que l'impulsion *amélioratrice* doit être cherchée ailleurs.

Passant à la seconde classe, celle des métayers,

que voyons-nous? Des cultivateurs incapables, sous tous les rapports, d'entreprendre seuls aucune amélioration de quelque importance, et presque aussi incapables de le faire quand il se rencontre, chose assez rare, un propriétaire disposé à prendre sur lui les avances nécessaires. La plus grande partie des métayers, du moins dans les pays que je connais, ne possèdent qu'un chétif mobilier, consistant en quelques meubles et ustensiles de ménage, une ou deux charrettes ou chars, et deux ou trois charrues ou araires du pays; voilà tout le capital d'exploitation d'un domaine qui a quelquefois une superficie de cent cinquante hectares et souvent beaucoup plus. Si par un concours de circonstances heureuses, mais presque toujours fortuites, un métayer se trouve avoir quelque argent en sa possession, on peut être bien certain qu'il ne s'avisera jamais d'en employer la moindre partie à des avances pour son exploitation; il a trop de bon sens pour cela; mais trop souvent il n'en fera pas un emploi plus judicieux, car il prêtera cette petite somme à gros intérêts à quelque propriétaire du pays, qui se ruine en s'endettant, et avec lequel il doit finir généralement par perdre, tôt ou tard, tout ou partie du capital et des intérêts accumulés.

C'est ce que nous voyons tous les jours, malgré l'établissement des caisses d'épargne, qui offrent des placements bien préférables; mais le faible intérêt qu'elles peuvent servir éloigne d'elles ces hommes peu éclairés. J'ai dit qu'ils faisaient preuve de bon sens en s'abstenant d'employer la moindre partie de leur pécule (quand ils en ont, c'est chose fort rare) dans leur exploitation; en effet, le maître, comme on dit, prélevant la moitié de tous les fruits du domaine, il est clair que le métayer sacrifierait, au profit du maître, la moitié des avances qu'il aurait faites. Mais ce n'est pas tout, la condition du métayer est encore moins bonne qu'on ne paraît le croire; car, indépendamment de la moitié de tous les fruits qu'il abandonne au propriétaire, ou à une sorte d'intermédiaire qu'on appelle fermier, il paye encore, sous le nom de contribution ou d'imposition, une somme en argent, variable suivant la force et la bonté du domaine, et qui n'est guère inférieure au cinquième ou au sixième du prix auquel le bien pourrait être affermé en argent.

Je dois expliquer le sens du mot que j'ai employé plus haut, en parlant d'un fermier intermédiaire entre le propriétaire et le métayer ou colon.

Dans les pays pauvres, comme sont ceux du centre de la France, il arrive très-souvent que les propriétaires qui ne résident pas sur leurs biens, ne pouvant les gérer ni les faire gérer, les afferment, non à des cultivateurs, mais à des personnes de toutes professions, notaires, percepteurs, propriétaires plus ou moins aisés, qui, pour un prix annuel payable en argent généralement, se trouvent substitués aux lieu et place du propriétaire à l'égard du métayer ou colon, ce qui, pour l'ordinaire, est également préjudiciable à l'un et à l'autre et à la propriété. Quoi qu'il en soit, il ne peut être douteux, ce me semble, pour personne, que le métayer, pauvre et ignorant, occupant un domaine, le plus souvent sans bail, n'ayant aucun intérêt direct à des améliorations dont il peut ne pas jouir, n'en fera aucune de bonne volonté ni avec zèle; ce n'est donc pas de cette classe si nombreuse et qui exploite une partie si considérable du territoire qu'on peut raisonnablement attendre et espérer les progrès de l'agriculture : passons à la troisième classe, celle des fermiers.

Ceux-ci se présentent dans des conditions différentes et bien plus favorables, surtout dans les pays riches, où les terres se louent à un prix élevé,

et où le bail d'une grosse ferme peut se monter à
une somme considérable, car la personne qui en-
treprend une telle exploitation doit avoir reçu de
l'éducation, une instruction passable, et doit nécessairement posséder un capital important, souvent même très-considérable. Si ce fermier jouit
en vertu d'un bail un peu long, il peut donc entreprendre et réaliser de véritables améliorations, car
il possède tous les moyens nécessaires pour cela ;
mais je ferai d'abord observer que les longs baux
sont des exceptions peu communes, et que la durée
du plus grand nombre ne dépasse pas neuf années ;
et j'ajouterai que des fermiers tels que ceux-ci ne
se rencontrent guère que dans les pays déjà fort
avancés en culture, et où les améliorations sont
tout à la fois les moins nécessaires et les moins
lucratives ; car les hommes tiennent aux lieux de
leur naissance, et il y a bien peu de fermiers de la
Normandie, de la Picardie ou de la Beauce, disposés à se transporter dans les contrées pauvres
du Nivernais, du Berry, du Bourbonnais, où leur
implantation serait cependant très-avantageuse pour
le pays et pour eux-mêmes. Mais dans un pays
quel qu'il soit, il y a certaines améliorations, et ce
sont les plus importantes, qu'un fermier n'entre-

prendra jamais seul et à ses frais. Il y aurait folie de sa part à s'en charger dans certains cas, et par exemple, s'il s'agit d'une irrigation importante à établir. Voici un fait qui confirmera bien mon opinion, et que je puis garantir. La ferme de Roville, que le séjour de M. de Dombasle a rendue célèbre, est située dans la vallée de la Moselle ; les terres se divisent en terres d'en haut et de la plaine ; les premières, de nature argilo-calcaire, d'une culture difficile, sont cependant très-bonnes pour les céréales ; celles de la plaine, au contraire, mêlées de beaucoup de galets déposés par la rivière, sont ingrates et rendues plus ingrates encore par les infiltrations des eaux de la Moselle. M. de Dombasle avait promptement reconnu que le meilleur parti à en tirer était de les transformer, du moins en très-grande partie, en prairies arrosées : d'après les avantages presque certains de l'opération, la dépense, quoique assez forte, eût été bien appliquée et très-profitable ; mais le fermier ne pouvait raisonnablement l'entreprendre à ses frais, et le propriétaire de Roville n'ayant pas voulu entrer dans les vues de M. de Dombasle, celui-ci a dû laisser les choses dans l'état où elles sont peut-être encore, et continuer à cultiver ces terres avec peu d'avantages par les raisons que j'ai dites. J'ajouterai que, même quand il s'agit d'opérations moins considérables que des irrigations, par exemple, de marnages ou de chaulages, un fermier qui a, je le suppose, un bail de neuf ans seulement, hésitera beaucoup à s'y livrer, et dans tous les cas, il aura bien soin de s'arrêter quelques années avant celle où son bail doit expirer. Enfin, et pour terminer ce qui concerne les fermiers, il ne faut jamais perdre de vue qu'ils ne sont qu'usufruitiers, et qu'ils n'ont pas d'intérêt à élever le degré de fertilité des terres exploitées par eux d'une manière progressivement croissante, mais seulement dans la limite de leur jouissance temporaire, et que, par une conséquence de leur position, ils sont généralement préoccupés, avant tout, de ne pas laisser à fin de bail toutes choses dans un état meilleur que celui où ils les ont trouvées à leur entrée; fort heureux le propriétaire s'il ne les reçoit pas dans un état pire, ce qui arrive trop souvent. Cette préoccupation est si forte chez beaucoup de fermiers, qu'elle les éloignerait d'entreprendre des améliorations profitables à eux-mêmes, dans la crainte qu'une partie des avantages obtenus ne se prolongeât au delà de leur jouissance, et ne profitât au propriétaire qui, en effet, n'y aurait aucun droit. Le sentiment que je signale n'est ni bon, ni généreux, ni même d'accord avec l'intérêt bien entendu; mais il n'en est pas moins très-réel et conforme à beaucoup de natures humaines, qu'il faut bien prendre comme elles sont. En résumé, je conclus de ce qui concerne cette troisième classe d'exploitants, qu'elle est, plus que les deux autres, compatible avec les progrès agricoles, mais qu'elle n'existe guère que dans les pays déjà avancés sous le rapport de la culture, et qu'elle serait à transplanter ou à créer dans les contrées arriérées et où tout est à faire; enfin, que partout les fermiers, par l'effet des circonstances où ils se trouvent placés, ne doivent ni pouvoir ni vouloir exécuter certaines améliorations, qui seraient souvent les plus utiles et même les plus lucratives.

J'arrive enfin à la quatrième et dernière catégorie, celle des propriétaires faisant valoir directement, ou par l'intermédiaire d'un régisseur, d'un gérant quelconque, une propriété rurale, assez étendue pour être cultivée à la charrue, et pour que les frais généraux ne soient pas disproportionnés avec le produit de l'exploitation; mais, avant d'aller plus loin, je me permettrai d'insister encore sur cette observation, que des trois catégories de cultivateurs dont nous nous sommes occupés, les deux premières sont évidemment incapables de prendre l'initiative d'aucun progrès, et que, quant à la troisième, il n'y a pas beaucoup plus à en espérer que des deux autres. D'ailleurs, celle-ci n'existe pas dans les contrées qui réclament le plus l'intervention de l'intelligence et des capitaux; d'où il suit nécessairement que la quatrième catégorie, celle des propriétaires, est, en réalité, la seule sur laquelle on puisse fonder l'espérance de voir se réaliser des améliorations importantes, de véritables progrès. Tout semble, d'ailleurs, être réuni en leur faveur : propriétaires du sol, ils peuvent en disposer comme ils l'entendent, sans aucun obstacle ou entraves quelconques; ils doivent avoir, en général, l'instruction et l'éducation plus que suffisantes pour comprendre et apprécier l'utilité et l'opportunité des travaux à exécuter, et si, pour des raisons quelconques, ils ne sont pas libres de diriger eux-mêmes et constamment les détails d'une exploitation rurale, ils peuvent charger de ces soins un agent investi de leur confiance. Les difficultés, les obstacles que j'ai signalés à l'occasion des autres catégories, je ne les rencontre plus ici; tout au contraire. Ainsi, l'amour de la propriété et ce sentiment naturel qui porte tous les hommes à étendre leurs projets dans l'avenir et même au delà du terme inconnu de leur existence, sont favorables aux entreprises dont les résultats peuvent être éloignés; comme quand il s'agit, par exemple, de plantations et particulièrement de plantations forestières.

Il semblerait, d'après tant de motifs déterminants, que la majorité des propriétaires devrait prendre en main la direction de leurs affaires rurales, pour leur plus grand avantage et pour celui de la société; cependant il n'en est rien, et c'est précisément le contraire qui a lieu. En effet, un propriétaire qui fait valoir par lui-même un domaine de quelque importance est une espèce de phénomène, un objet de curiosité, de critique peu bienveillante, et le plus souvent d'une compassion ironique. L'opinion générale sur son compte est, s'il n'est pas riche, qu'il se ruinera infailliblement, et s'il a quelque fortune, que l'agriculture est pour lui un passe-temps fort dispendieux, qu'il peut pourtant se permettre, comme il pourrait satisfaire d'autres fantaisies, celle de la chasse, des chevaux, de la bonne chère, aussi coûteuses peut-être, mais plus divertissantes assurément. Ce n'est pas tout, vous rencontrerez des gens avisés, de ces bonnes têtes d'où il n'est jamais sorti que des objections contre toute nouveauté quelconque, et qui vous déclareront gravement que c'est un vrai malheur pour une localité quand, par hasard, un propriétaire aisé se permet de vouloir cultiver son bien, parce que le mauvais succès qui l'attend infailliblement ne manquera pas de décourager les *véritables* cultivateurs qui seraient disposés à tenter quelques innovations. D'où l'on doit nécessairement conclure que prudemment, sagement, il faut attendre que le progrès se fasse tout seul, ou, ce qui revient au même, par les soins de ceux qui, comme nous l'avons vu, ne peuvent ou ne veulent en prendre l'initiative. Tout cela est parfaitement ridicule assurément, et ne mériterait ni attention ni réfutation sérieuse, si les conséquences n'en étaient pas déplorables pour notre pauvre agriculture, et si, malgré les félicitations *très-patriotiques* que nous nous distribuons fort libéralement à tout propos, nous n'étions dans une infériorité évidente à l'égard de beaucoup de contrées de l'Europe. Ainsi, presque partout, en Allemagne, l'étendue comparative

du sol en prairies est trois ou quatre fois plus considérable qu'en France; il en est de même en Angleterre, où le rendement moyen du froment est
de onze à douze fois la semence, tandis qu'il est
chez nous de six environ.

Cependant, cette infériorité de notre agriculture, l'état de torpeur dans lequel elle languit,
n'échappent pas à tout le monde, et il arrive quelquefois d'entendre les déplorer; mais ce qui n'est
pas moins curieux que tout le reste, ce sont les
moyens que l'on préconise pour porter remède à
ce mal, quand on veut bien reconnaître qu'il existe.
Vous penseriez peut-être que, pour obtenir de la
terre tout ce qu'elle peut donner, il faudrait que
ceux qui la possèdent voulussent bien apprendre,
chose facile, quels sont les moyens de la féconder,
et se mettre ensuite résolûment à l'œuvre; je serais entièrement de votre avis; mais ce serait
beaucoup trop simple, trop direct pour que l'on y
songe. Au lieu de cela, on vous proposera la réforme, la refonte du régime hypothécaire, ou bien
encore la fondation du crédit foncier (que fort mal
à propos on appelle crédit agricole) par l'établissement de banques dites agricoles; on réclamera la
confection d'un code rural, etc.; mais surtout, et

avant tout, on s'adressera au gouvernement (toujours le gouvernement, on ne sait rien faire chez
nous sans lui) pour en obtenir des primes, des fa-
veurs, des protections, que sais-je? peut-être des
chemins de fer! Enfin, on s'avisera de tout, soyez-
en sûr, excepté de ce qui dans tous les pays et dans
tous les temps, anciens ou modernes, a créé la
prospérité agricole partout où elle a existé. Mais
sait-on ce qu'on prétend, ce qu'on espère obtenir
par ces moyens insignifiants et détournés? Une
bagatelle, rien, moins que rien; une création
spontanée, un effet sans cause; en un mot une
impossibilité!

Mais d'où peuvent provenir ces étranges préjugés, ces antipathies, ces dédains, ces méfiances
réunis contre une profession utile, avantageuse, et
dont l'exercice intelligent ferait naître de toute
part l'aisance et la prospérité générale? C'est ce
que j'examinerai et ce que j'exposerai avec le plus
grand soin, avant de présenter les moyens que je
crois propres à imprimer à l'opinion une direction
différente et plus favorable aux intérêts publics et
privés. Pour le moment, je me bornerai à dire que
le mal que j'ai signalé a sa source dans nos mœurs,
nos habitudes, nos idées actuelles, et qui sont en

grande partie traditionnelles, mais surtout dans l'ignorance générale, ou, si l'on veut, dans le faux savoir, dont, à l'exclusion des connaissances les plus utiles, et certainement les plus attrayantes, on surcharge la jeunesse, accablée tout à la fois de grec et de latin, d'ennui et de dégoût; oui, d'ennui et de dégoût, car c'est la vérité, triste, j'en conviens; mais, dussé-je être encore traité de vandale, je ne cesserai de m'élever contre l'excès et l'abus de l'enseignement classique, et de les signaler comme un inconcevable anachronisme dans le temps où nous vivons. Cependant je ne suis pas seul de mon opinion, et j'ai été heureux de trouver dans une publication qui n'est pas ancienne, la phrase que voici : « L'antiquité a longtemps gâté la France. » Je l'aimerais mieux avec cette variante : « L'antiquité a gâté la France *pour longtemps encore.* » Quoi qu'il en soit, je l'accepte avec empressement telle qu'elle est pour elle-même, et surtout à cause de celui qui l'a écrite; car je ne pense pas qu'on ose accuser de vandalisme l'auteur des *Martyrs*, du *Génie du christianisme*, l'illustre vicomte de Chateaubriand, et c'est lui, pourtant, qui s'est permis cette irrévérence. (Voy. *Vie de Rancé,* page 121.) Mais je reviendrai plus tard sur cette importante question ; pour aujourd'hui il est temps, et plus que temps peut-être, de finir cette lettre.

V. TRACY.

Paray-le-Fraisil, janvier 1848.

CINQUIÈME LETTRE.

———

De l'abandon des champs.

Dans mes précédentes lettres, déjà fort anciennes, il est vrai, je crois avoir bien établi que le sort de notre agriculture et son avenir étaient entre les mains des propriétaires jouissant d'une certaine aisance; qu'eux seuls pouvaient, en exploitant leurs domaines avec un bénéfice assuré, apporter dans nos campagnes le mouvement et la vie et y réaliser les améliorations importantes dont j'ai tâché de faire ressortir les heureuses conséquences; car c'est là peut-être que se trouve la solution de certaines questions économiques et

même sociales, qu'on agite si souvent sans succès.
La conclusion à laquelle j'ai été nécessairement
amené, comme on a pu le voir, me paraît d'une
vérité incontestable ; cependant je m'attends à ce
qu'elle soit trouvée tout au moins étrange par
beaucoup de personnes qui n'ont peut-être pas suffisamment étudié cette importante question. Quant
à moi, je souhaiterais sincèrement qu'on pût me
convaincre d'erreur, et je serais heureux de reconnaître que le résultat désiré peut être obtenu
autrement que par l'intervention directe de ces
propriétaires dont j'ai parlé ; car ceux-ci m'ont
toujours paru généralement fort peu disposés à
entrer dans une voie où, cependant, leurs véritables intérêts devraient les appeler et les retenir.
Ils sont loin de tourner leurs vues de ce côté,
l'idée même ne leur en vient pas ; ils ne paraissent
pas se douter que la profession, que l'exercice de
l'agriculture, puissent leur offrir une carrière aussi
profitable que celle de l'industrie, comprise suivant
l'acception incomplète et vulgaire de ce mot. Cet
éloignement pour la vie rurale est un fait que je
déplore ; mais je dois le reconnaître, le constater et en rechercher les causes principales, qui sont
nombreuses et de diverses natures. On peut en

démêler l'origine, souvent très-reculée, et en suivre les traces dans le caractère national, dans les mœurs et dans les habitudes qui en sont, jusqu'à un certain point, la conséquence, et dans les institutions civiles et politiques qui, à différentes époques et pendant de longues suites d'années, ont exercé leur influence sur notre pays, car ces divers éléments ont concouru au résultat que j'ai dû constater, quoiqu'à regret.

Si nous portons d'abord notre attention sur les mœurs et les habitudes qui jouent un si grand rôle dans cette question, nous reconnaissons tout de suite que la première condition, non-seulement pour réussir dans une entreprise, dans une carrière quelconque, mais même pour former le projet arrêté de s'y livrer, c'est de ressentir un certain attrait, tout au moins instinctif, pour les occupations qui s'y rattachent et pour les habitudes de vie qui en doivent résulter. Sous ce rapport, l'agriculture ne diffère en rien des autres industries. Ainsi, soyez sûr que celui qui se sent fortement entraîné vers les entreprises agricoles, vers la culture de la terre, aimera vraiment la vie des champs et s'y plaira en tout temps, en toute saison; et non pas seulement pendant ces beaux

jours qui sont des jours de fête pour tout ce qui a
vie, pour tout ce qui respire, alors que la végétation déploie tout son luxe, toute sa magnificence,
quand l'air tiède et doucement parfumé retentit
des chants joyeux de ses innombrables habitants,
quand à nos regards charmés s'offrent de toutes
parts des trésors de verdure, de fleurs et de fruits ;
enfin, comme dit le poëte, quand

« L'aria, e l'acqua e la terra è d'amor piena. »

Le véritable homme des champs en aimera
encore le séjour dans la saison la plus rigoureuse,
alors que la nature, fatiguée des efforts qu'elle a
faits pour nous prodiguer ses dons, est comme en-
sevelie dans un immense linceul de glace, de neige
et de frimas, et que sous cette mort apparente
elle se recueille et rassemble ses forces pour renou-
veler ses bienfaisants prodiges, lorsque l'heure de
son réveil aura sonné. Il aura le goût de cette vie
active, occupée, un peu rude, mais saine, et qui,
pendant les intervalles de repos, fait trouver, par
le contraste même, un charme, une saveur indi-
cibles à l'exercice de l'intelligence, aux jouissances
de l'esprit, de la pensée solitaire, méditative et
quelque peu rêveuse. Pour cela, il ne faut qu'une

chose, être doué d'un sens particulier, plus facile à comprendre qu'à définir, et que j'appellerai le sens de la nature vraie et simple. Ce sens est beaucoup moins général dans notre pays que je ne le souhaiterais; mais il est tellement en harmonie avec nos dispositions primitives, ingénues et non encore altérées, — voyez l'enfance et la première jeunesse, — que sans doute il existe, du moins en germe, chez tous les individus. S'il ne révèle pas plus souvent son existence, on peut s'en prendre à la prédominance de certains penchants, dont l'excès seul est blâmable, mais aussi à l'influence de passions essentiellement malfaisantes; et parmi celles-ci, je placerai au premier rang la vanité, qui exerce un si grand empire sur toutes les sociétés modernes, mais peut-être encore plus chez nous qu'en aucun autre pays. Au nombre des penchants qui sont bons en eux-mêmes, quand ils sont renfermés dans de justes bornes, se trouvent la sociabilité, la curiosité, qui portent à changer de lieux, de situation, et qui dégénèrent facilement en une mobilité inquiète et déréglée. Ces tendances sont assurément fort contraires aux habitudes douces, mais un peu monotones de la vie rurale, et elles ont dû s'opposer beaucoup, dans notre pays, au développement de l'amour du *chez soi*, si puissant, si général chez les Anglais, où l'objet de cette vive affection est exprimée par le mot *Home*, qui n'a pas d'équivalent dans notre langue.

La sociabilité, dont le principe est excellent, mais qui fait naître facilement un besoin impérieux de ce qu'on appelle la vie du monde, a beaucoup contribué à augmenter démesurément chez nous l'influence des femmes, dont un petit nombre ont assez de ressources en elles-mêmes pour se plaire dans une solitude, sinon absolue, du moins relative, et dans une vie de retraite, comparée à l'agitation des villes. Voilà assurément d'importantes raisons pour que le séjour de la campagne soit du goût de peu de personnes ; mais les suggestions de la vanité y contribuent à elles seules plus peut-être que toutes les autres causes réunies. L'influence actuelle de cette funeste passion est encore augmentée par celle qu'elle a exercée dans des temps antérieurs et qui, d'âge en âge, et traditionnellement en quelque sorte, est venue jusqu'à nous. Il me semble donc utile de jeter un coup d'œil rétrospectif sur des circonstances et des faits dignes d'attention.

Sous le règne du grand Henri et l'administration de Sully, son ministre et son ami, l'agriculture fut véritablement protégée et honorée; et cela devait être, car le Béarnais n'avait pas été, comme les autres princes, placé dès sa naissance en dehors des conditions de la vie réelle et nourri des illusions décevantes qui forment, dans les palais et les cours, une atmosphère trop souvent impénétrable à la vérité. Son esprit et son caractère s'étaient énergiquement développés au milieu des scènes imposantes d'une nature simple et grandiose, des dures épreuves de la vie des camps et des hasards de la guerre; ses premiers regards se portèrent tout naturellement avec bienveillance sur ces hommes laborieux voués aux rudes travaux des champs, et plus tard son esprit juste et droit reconnut dans l'art qu'ils pratiquaient la base fondamentale de la puissance et de la prospérité de son royaume. Son fidèle Rosny joignait aux habitudes d'ordre et de stricte économie, attributs constants de l'arme qu'il dirigeait spécialement, celles d'un seigneur grand terrien, administrant ses domaines avec cette intelligence qui lui fit apprécier le mérite d'Olivier de Serres, le père de notre agriculture, et la profonde vérité contenue dans son célèbre aphorisme: « Pâturage

et labourage sont les deux mamelles de l'État. »
Sous son administration, aussi simple dans ses principes que ferme dans ses moyens d'exécution, la
France parut littéralement renaître de ses cendres,
et l'on est étonné de l'étendue des maux réparés,
des ressources créées dans l'espace de moins de
vingt années. Malheureusement, cette ère de sa-
gesse et de bon sens fut de courte durée ; les traditions favorables à l'agriculture furent bientôt dé-
daignées ; elle-même fut délaissée et privée des
moyens sans lesquels elle ne peut prospérer.

Lorsque la politique profonde, énergique et
souvent impitoyable de Richelieu, continuée sous
d'autres formes, avec d'autres moyens, par son
habile et heureux successeur, eut atteint son but,
celui de fonder le pouvoir royal absolu sur la ruine
des grands et de la féodalité, la cour de Louis de-
vint le centre où convergèrent toutes les espérances, tous les vœux, on peut dire toutes les pensées.
Les grands seigneurs, les gentilshommes de tous
rangs ne songèrent plus qu'à venir à la cour et à
faire leur cour, en abandonnant leurs provinces,
le séjour des terres qu'ils y possédaient, et une
existence considérable qu'ils auraient pu y conserver longtemps, peut-être toujours. Ces nobles,

dont un grand nombre malheureusement ne dédaignaient pas d'accroître ou de rétablir leurs fortunes, soit en contractant des mésalliances, quelquefois honteuses, soit en obtenant l'abandon à leur profit de confiscations odieuses pour prix de services peu avouables, soit enfin par d'autres moyens du même genre, auraient cru au-dessous d'eux de s'appliquer à l'exercice d'un art qui ne fixait pas l'attention du maître, et dont les ministres du règne méconnurent toujours l'importance, se laissant éblouir par un vain éclat, et entraîner à la poursuite de richesses plus brillantes que solides, et même trop souvent imaginaires. L'exemple de la véritable noblesse devait être contagieux, et il le fut; car, en France, chacun s'efforçait de singer la noblesse pour faire croire qu'il en était, et beaucoup finissaient même par se le persuader. On peut dire que cette maladie fort ancienne n'est pas moins moderne; car il n'y a pas bien longtemps qu'on a pu la voir dans toute sa force. Nous devons croire, il est vrai, que tout cela est bien changé depuis que le règne de l'égalité a été proclamé; mais vingt-six mois sont à peine écoulés depuis son avénement, et il y aurait peut-être quelque témérité à considérer comme radicale une cure aussi récente, quand il s'agit d'une maladie si ancienne et si enracinée. Quoi qu'il en soit, au temps dont nous parlons, chacun, à l'envi, déserta les champs, dédaigna, méprisa même leurs soins, leurs occupations, qui devinrent exclusivement le partage des paysans pauvres, ignorants, et succombant sous le poids de misères sans nombre. Le tableau saisissant de ces incroyables misères, parvenu jusqu'à nous, a été tracé par des hommes pleins de charité, de patriotisme et de savoir, à la tête desquels, et hors ligne, se place Vauban. Les travaux économiques de ce grand citoyen ne sauraient être trop lus et médités par tous ceux qu'anime un sincère amour du bien; et quant aux détracteurs passionnés et absolus du temps présent, ils ne pourraient cependant manquer d'être frappés de la comparaison des deux époques; ils finiraient peut-être, en reconnaissant les progrès réalisés depuis la plus ancienne de ces époques jusqu'à nos jours, par avouer que le système auquel ils sont dus n'est pas si fort à mépriser, et qu'il est plus que douteux que leurs utopies pussent produire des résultats semblables. Si, du même point de vue, nous considérons, après le règne du grand roi, la régence, le règne de Louis XV, et celui si court de

Louis XVI, en un mot l'ensemble du dix-huitième siècle, nous reconnaissons que les mœurs et les habitudes de la noblesse ne subirent aucune modification. Peu de temps encore avant la première révolution, les gens de qualité ne trouvaient supportable la vie de la campagne, pendant quelques mois de la belle saison, que dans des châteaux peu éloignés de Paris, où ils apportaient avec eux les habitudes, le luxe, et même souvent les plaisirs de la ville et de la cour. Dans cette région du grand monde, il fallait la nécessité pressante de sérieuses économies imposées par un revers de fortune, quelque malheur domestique, enfin un de ces événements de famille de la nature la plus grave et la plus impérieuse, pour contraindre une femme, bien placée dans le monde, à le quitter, et à fixer sa résidence ordinaire dans une habitation, fût-elle même très-belle, mais perdue, comme on disait, à cent lieues de Paris; on appelait cela être enterrée vivante. Un mari qui, sans une nécessité absolue, évidente, aurait imposé ce sacrifice à sa femme, eût passé pour un tyran, une espèce de Barbe-Bleue. D'ailleurs, la profession des armes étant la seule que suivait la haute noblesse, les hommes appartenant à cette classe passaient tout l'été dans leurs garnisons ou dans leurs inspections, et faisaient à peine, vers la fin de l'automne, un court séjour dans leurs terres pour y régler quelques affaires d'intérêt.

Telles étaient, sous l'ancien régime, les habitudes de ceux qui possédaient une grande partie du sol, qui occupaient les positions sociales les plus éminentes, et qui, dirigeant les affaires importantes, donnaient encore le ton dans le vaste empire de la mode, qui, comme on le voit, n'était rien moins que pastorale et champêtre. Aussi, veuillez bien le remarquer, pendant cette période de cent cinquante ans environ, le goût en toutes choses ne cessa de s'éloigner de la nature et des incomparables modèles qu'elle offre sans cesse à ceux qui ont des yeux pour voir, mais aussi une âme disposée à s'en émouvoir : ainsi les constructions civiles et autres, les jardins, les ameublements, les vêtements, les équipages, la statuaire, la peinture, tout enfin prit un style factice, maniéré, très-coûteux, mais dénué souvent de goût véritable, et même de cette convenance que rend si bien le mot *comfort*. Les ouvrages de l'esprit, la littérature proprement dite, qui sont, en définitive, un miroir assez fidèle, quand on sait le consulter, de

l'époque où ils se produisent, présentent les mêmes
caractères; et j'avouerai franchement que je ne
connais pas un poëte français qui, pendant cette
longue période, ait parlé le langage de la nature
champêtre et ait été inspiré par elle; même dans
le temps actuel, je ne citerais que le chantre des
Méditations qui ait le sentiment vrai de la campagne, où il a, en effet, passé ses premières années.
Ce jugement paraîtra peut-être bien rigoureux;
cependant, il serait facilement justifié, si je pouvais
passer en revue les poëtes qui se sont exercés dans
ce genre de compositions; mais, comme un tel examen serait beaucoup trop long, je choisirai entre
ces poëtes le plus illustre et le moins ancien,
l'abbé Delille, et, parmi ses œuvres, *l'Homme
des champs*, ou les Géorgiques françaises. Eh
bien, dans ce poëme, un peu trop surchargé de
réminiscences classiques et mythologiques, mais
constamment embelli par les charmes d'une admirable versification, on remarquera des tableaux
variés, de riches descriptions, des sentiments doux
et tendres, exprimés avec grâce, enfin un mérite
poétique incontestable. Mais si l'on s'attache à la
figure principale, dont ces brillants accessoires forment le cortége et l'encadrement, on ne saurait

reconnaître dans cette figure l'image vraie de l'homme des champs, le type, le modèle de ces cultivateurs trop rares encore en France, qui, par leur éducation, leur instruction, leur position sociale, ne peuvent être étrangers à aucun sentiment élevé, insensibles à aucun genre de poésie, mais qui doivent aussi et avant tout être constamment, sérieusement occupés des soins positifs de leur profession, de leur industrie.

Des réflexions du même genre s'appliquent aux romans, où les penchants et les goûts d'une époque se révèlent encore plus clairement que dans les œuvres poétiques. Trouve-t-on dans ces romans, pendant le dix-septième et le dix-huitième siècle, parmi les peintures de la vie sociale, rien de semblable à ce que nous présente, avec autant de prodigalité que de charme et de vérité, la littérature anglaise? Nos romanciers ont-ils su, savent-ils même encore, sauf quelques rares exceptions, à l'imitation de l'immortel Walter Scott, ne pas se borner à peindre les hommes, leurs passions, leurs sentiments, mais étendre leur puissance créatrice à tous les êtres de la nature, en y comprenant ceux que, fort mal à propos, selon moi, on appelle inanimés? Mais cette faculté ne

peut s'acquérir au sein des cités; le spectacle
continuel des scènes de la nature peut seul la
faire naître. Vous la chercheriez donc vaine-
ment chez nos romanciers ; et d'ailleurs, elle
ne serait ni comprise ni appréciée par la foule
des lecteurs.

Quoique je me sois déjà fort étendu sur les rapports de la littérature en général avec le sujet qui
m'occupe, je ne puis m'empêcher de dire un mot
du théâtre considéré au même point de vue, car
il vient encore confirmer tout ce que j'ai avancé.
En effet, quoi de plus fade et de plus faux que les
bergeries et les pastorales chantées ou parlées, en
vers ou en prose, sur les théâtres, pendant le
grand siècle et depuis? Quoi de plus insipide et de
plus faux également que les drames, peu nombreux
il est vrai, dont le sujet et la scène étaient emprun-
tés à la vie rurale, qu'on ne connaissait pas, et
qu'on dédaignait ou qu'on redoutait comme le
comble de l'ennui? C'est cette dernière pensée
qui se retrouve sans cesse dans les comédies vraiment conformes aux mœurs du temps. Elle me
paraît naïvement exprimée dans une comédie de
Sauvigny, où une dame de la cour momentané-
ment reléguée à la campagne, après avoir dé-

peint la variété, le piquant de la vie du monde qu'elle regrette, ajoute :

« Mais la monotonie est au fond d'un château.
» Que voyez-vous d'ici, dites-moi, je vous prie?
» Des troupeaux dans un champ, des gueux dans un hameau,
» Et toujours des gazons, des arbres et de l'eau. »

Croyez-vous qu'à l'exception de l'épithète de *gueux*, qui a un peu vieilli, j'en conviens, beaucoup de dames de notre temps ne s'exprimeraient pas à peu près de même que la comtesse du siècle de Louis XV? Que conclure de tout cela, si ce n'est que par l'influence des mœurs, des habitudes traditionnelles, où la vanité nobiliaire tenait une si grande place, la vie rurale a dû être dédaignée, méprisée même, comme ne pouvant convenir qu'à de pauvres et ignorants paysans? Les choses, à cet égard, n'ont pas autant changé qu'on pourrait le croire après toutes les révolutions faites, dit-on, pour l'égalité et en son nom; et si on ne donne plus aux paysans les désignations de rustres et de manants, l'opinion de bien des gens à leur égard, et surtout à l'égard de leur profession, n'est pas fort différente de ce qu'elle était du temps des priviléges, et lorsqu'il existait en effet des classes privilégiées.

Ce fait sans doute est curieux dans un temps et dans un pays où, en réalité, les lois civiles avaient constitué une bien véritable démocratie, sans attendre son avénement officiel; mais cela prouve que les mœurs et les habitudes sont plus puissantes, pendant longtemps encore, que les lois politiques et civiles. Quoi qu'il en soit, il est évident que, quand de telles influences sont dominantes chez la plupart des propriétaires du sol, qui sont si nombreux en France, ils doivent être, en général, très-peu disposés à se livrer aux travaux des champs, qui leur semblent indignes d'eux. Mais à cette cause, plus puissante qu'on ne pourrait peut-être le croire, il est venu s'en joindre une autre d'une origine toute contraire, car elle repose sur l'état démocratique, produit de nos diverses révolutions, qui ont ouvert à tous les Français l'entrée de toutes les carrières. Depuis lors, pour une foule de personnes, l'article qui consacre ce droit d'admissibilité est devenu la base, le fondement de la Constitution; que dis-je! la Constitution ou la Charte elles-mêmes, car le nom importe peu. Il semblerait qu'en vertu de ce précieux article, tout Français âgé de vingt-cinq ans et jouissant de ses droits civils, ne peut, sans injustice, manquer d'être pourvu d'une place, d'un emploi qui le fasse vivre doucement, convenablement; la chose d'ailleurs étant d'autant plus facile que, grâce à l'admirable centralisation dont nous nous glorifions à tout propos, le nombre des emplois est immense et indéfini. Aussi, dès qu'un homme possède quelque aisance, il ne songe et ne vise qu'à devenir fonctionnaire ou à frayer à ses enfants la route pour parvenir à des emplois. Sans doute ce désir ardent d'obtenir des places est particulièrement excité par les appointements qui y sont attachés; mais on se tromperait beaucoup si l'on croyait que cette cause agit seule, et sans un mélange de cette vanité aristocratique que je signalais plus haut comme existant encore avec beaucoup de force. La petite anecdote suivante fera ressortir cette double tendance.

Il y a plusieurs années, je rencontrai à une élection de mon canton un de mes voisins de campagne, maire de sa commune et propriétaire d'un bien rural assez important. Après les politesses d'usage, il me dit que je pouvais lui rendre un service essentiel. Sur mon assurance que je le ferais de tout mon cœur, il ajouta tout de suite qu'il était dans l'intention de vendre son bien, et que je l'obli-

gerais beaucoup si, dans les nombreuses relations
qu'il me supposait, je pouvais lui trouver un acquéreur. Là-dessus de me récrier et de lui témoigner
ma surprise qu'il pût se décider à vendre un bien
de famille, la maison bâtie par son aïeul, où il
était né, où son père était mort, où il avait passé
presque toute sa vie. Il me répondit que c'était de
sa part un parti pris et bien arrêté, dans l'intérêt
de ses deux jeunes garçons qu'il voulait mettre au
collége, en se fixant lui-même à la ville pour surveiller leur éducation; car il entendait bien qu'ils
fussent tous deux en état d'être reçus bacheliers.
Je lui accordai qu'il était sans doute très-glorieux
d'être bachelier à grand renfort de grec et de latin,
mais j'ajoutai cependant qu'on pouvait être un
homme très-honorable, très-utile, et que même
on pouvait être fort heureux sans avoir obtenu le
diplôme. Pour couper court à mes timides observations, qui ne lui plaisaient pas, il me dit:
« Voyez-vous, monsieur, je veux mettre mes enfants en état d'obtenir quelque place, car je n'entends pas qu'ils restent toute leur vie *des paysans*
comme moi. » Ces derniers mots furent accompa-
gnés d'un accent et d'un regard faisant comprendre
très-bien qu'il ne se considérait pas du tout comme

un paysan, et qu'il aurait été fort humilié qu'on
pût le supposer appartenir en rien à cette condition. J'ajouterai à ce récit que le désir de mon
voisin a été satisfait, que son bien de famille a été
vendu, et qu'étant par hasard tombé dans des mains
intelligentes, il a plus que quadruplé de produit et
plus que doublé de valeur vénale en quelques années.
C'est ce que le propriétaire eût pu faire tout comme
son acquéreur ; mais aussi il serait resté *paysan*
et ses enfants comme lui, tandis qu'il y a lieu d'espérer que, quand ces jeunes gens auront atteint
l'âge de vingt ans, terminé leurs classes, fait leurs
humanités, comme on dit, et ceint leurs fronts des
palmes du baccalauréat, ils pourront, à l'aide de
quelque puissante protection, prétendre, et avec
chance de réussir, à la position d'*aspirant surnu-*
méraire, puis de surnuméraire dans quelque administration, avec la perspective, en étant toujours
puissamment protégés, de se voir pourvus à vingt-
cinq ans d'un emploi, d'un bureau, enfin d'une place
quelconque, au traitement de 900 à 1,000 francs.
Il est vrai que, pour atteindre un but si envié, il
aura fallu faire des démarches, des sollicitations et
des révérences sans nombre ; il est vrai encore que
les dépenses occasionnées par une éducation rele-

vée, les frais d'examen et de diplôme, et l'entretien des jeunes gens pendant des surnumérariats sans fin, forment des sommes dont les traitements, obtenus après une si longue attente, représentent à peine les intérêts, et que le patrimoine de la famille aura été en partie employé à les solder ; tout cela est très-vrai, mais comptez-vous donc pour rien le bonheur de n'être plus *paysan*, que dis-je! d'être fonctionnaire, dépositaire de l'autorité publique, partie intégrante du gouvernement ; enfin, et seulement alors, *d'être quelque chose ?*

Être quelque chose ! Voilà le grand mot qui est sans cesse répété au sein des familles, et voilà dans quel sens il est entendu, compris et mis en pratique ; voilà pourquoi la terre se trouve souvent délaissée par ceux qui pourraient la féconder avec leurs capitaux et leur intelligence, si elle avait été dirigée d'une manière plus judicieuse vers les connaissances qui servent de base aux procédés d'une agriculture perfectionnée et en progrès. Si je ne devais me renfermer étroitement dans mon sujet et dans ce qui concerne exclusivement l'agriculture, je pourrais faire voir que la tendance vers les fonctions publiques, combinée avec un système

si défectueux d'instruction, produit des résultats
bien plus funestes encore que ceux que j'ai signalés, car ils contribuent à compromettre sans cesse
le repos de la société, et à faire de son assiette
tranquille, de sa marche régulière, un problème
qui se présente effrayant et presque insoluble à
l'esprit troublé des meilleurs citoyens. En effet,
malgré le nombre infini des emplois publics, ce
nombre est toujours de beaucoup inférieur à celui
des prétendants que leurs familles ont, à grands
frais, lancés à leur poursuite, et ceux qui se trouvent exclus des seules positions auxquelles ils soient
préparés vont grossir la foule des avocats sans
cause, des médecins sans clientèle, des profes-
seurs sans élèves qui encombrent nos villes. Là,
se pressant, s'étouffant les uns les autres, ils ne
peuvent que souhaiter des changements, des révolutions politiques, tout au moins, qui, élargissant
leur horizon, viennent leur ouvrir des carrières
d'autant plus attrayantes qu'elles sont moins défi-
nies. Or, il paraît difficile que, quand des désirs
sont si vivement excités, ceux qui en éprouvent
les stimulations incessantes se bornent à se repaître
d'espérances, et ne quittent pas plus tôt ou plus
tard la région des spéculations pour se lancer

dans les hasards du mouvement et de l'action,
au risque de toutes les conséquences de ces nouvelles agitations!.... Mais je m'empresse de rentrer dans mon sujet, et de résumer, en les com-
plétant, les observations contenues dans cette
lettre.

J'ai dit que le goût de la vie rurale n'était pas
favorisé chez nous par des tendances naturelles,
comme il l'est dans d'autres pays; que nos qualités
mêmes, aussi bien que nos défauts, ne nous por-
taient pas à la préférer, et que très-malheureuse-
ment, pendant plus de deux siècles, les influences
les plus puissantes en avaient détourné ceux qui,
en s'y adonnant, auraient pu procurer à notre pays
et à eux-mêmes d'immenses avantages. J'aurais dû
ajouter que, par une sorte de fatalité, pendant cette
longue période, et jusqu'à des temps tout près de
nous, aucun des princes qui ont régné sur la France,
où l'exemple du souverain exerce tant d'influence,
n'avait eu le goût de l'agriculture, ne s'en était
occupé, n'en avait fait son plaisir, ou tout au moins
son amusement; tandis que tous, ou presque tous,
ont eu la ruineuse passion de construire des palais,
des jardins, des parcs, qui ajoutaient aux dépenses
premières celles d'un entretien journalier fort coû-

teux; et le mérite qu'on paraissait estimer par-
dessus tout, était celui de la difficulté vaincue,
celui de triompher des obstacles naturels qu'on
semblait rechercher dans ce but, en nivelant, en
aplanissant des collines, en comblant des vallées,
en cachant sous des voûtes des cours d'eau, de
petites rivières amenées de loin pour remplir des
canaux revêtus de pierre et de marbre. Que d'efforts, que de dépenses pour gâter des sites qui ne
demandaient tout au plus qu'à être légèrement
touchés par la main du goût, et tout cela ayant
pour résultat de faire voir que, dans une lutte contre
la nature, la puissance de l'homme n'aboutit qu'à
des avortements! Avec une bien faible partie de
ces stériles dépenses, quel développement n'auraient pas pris certaines branches de l'agriculture,
par exemple celles qui s'occupent de l'amélioration des races d'animaux, de l'introduction des
végétaux exotiques, forestiers et autres, etc.!
Ce luxe royal et princier eût été imité par les
courtisans, et, de proche en proche, il se fût
répandu, étendu, au grand avantage du pays.
Mais rien de semblable n'a eu lieu chez nous,
et tout a concouru à faire considérer l'agriculture
comme un métier dont la pratique n'a pour guide

qu'une grossière routine ; c'est ce que nous con-
tinuerons d'examiner dans des lettres faisant suite
à celle-ci.

Agréez, etc.

V. TRACY.

Paris, 30 avril 1850.

SIXIÈME LETTRE.

**Avantages de la culture par les propriétaires. — De la
mauvaise direction de l'instruction publique.**

MONSIEUR,

Je crois que jamais, à aucune autre époque, on
n'a témoigné autant de sollicitude pour l'agriculture, que jamais on n'a paru fonder sur ses développements, ses progrès et sa prospérité, des espérances plus vastes et d'une réalisation plus prochaine.
Je n'aurais qu'à me féliciter de ces dispositions
favorables, si souvent manifestées au .ein des
assemblées nationales, ou par les nombreux orga-

nes de l'opinion publique, si je pouvais reconnaître
en même temps que les questions essentielles con-
cernant l'état présent et futur de l'agriculture en
France sont parfaitement comprises, et que la plus
importante, celle qui, selon moi, domine toutes les
autres, est mise hors de doute et de contestation ;
alors, mais alors seulement, connaissant bien le
but qu'on se propose d'atteindre, on saurait aussi
quels moyens on doit employer, de quelle nature
doivent être ces moyens, et quelle confiance plus
ou moins étendue, plus ou moins réservée, il est
permis d'avoir dans leur efficacité : autrement on
marche au hasard, et on court grand risque de s'é-
garer dans le vaste champ des illusions. Ainsi, nous
entendons répéter tous les jours qu'il faut proté-
ger, exciter, encourager l'agriculture : mais se
rend-on bien compte du sens et de la portée de ces
expressions si souvent reproduites ? Franchement,
je fais plus qu'en douter, quand je considère certains moyens, certains projets, qui me paraissent
souvent insignifiants, quelquefois même dangereux,
et dont j'entends cependant célébrer le mérite et
l'infaillibilité. Tâchons donc, en précisant les faits,
de sortir, s'il est possible, du vague des générali-
tés, dussions-nous reconnaître que le positif et la

réalité sont moins dociles à nos volontés que l'imagination et la fantaisie.

Agriculture, industrie, commerce, etc., sont des expressions abstraites, fort utiles, nécessaires même pour les opérations de l'esprit, mais dont il faut bien se garder de méconnaître la nature en leur supposant une existence propre qu'elles n'ont pas. Ainsi, il n'existe pas une telle chose que l'agriculture ; il n'y a, en réalité, que des agriculteurs, ou des individus qui emploient leurs forces physiques, leur intelligence, leur savoir, à la culture de la terre, mais toujours avec l'indispensable concours d'une somme de richesse, fruit du travail et de l'économie, nommé capital mobilier. Ce sont donc ces hommes, ces individus, dont les fonctions, les situations, les lumières, les facultés de tous genres, sont très diverses, sur lesquels il faut nécessairement agir, quand on veut modifier l'état de choses existant ; il faut donc bien connaître ces divers éléments avant de s'occuper des moyens d'action qu'on peut employer à leur égard. S'il était vrai que la très-grande, l'immense majorité de ces agriculteurs sont actuellement, comme je crois l'avoir prouvé, tout à fait incapables d'entreprendre et d'exécuter les améliorations qu'on voudrait voir réalisées ; s'il était par conséquent également vrai que ceux qui pourraient travailler efficacement à ces résultats si désirables ne forment qu'une faible minorité, ne serait-il pas évident que les efforts les plus utiles, les soins les plus intelligents devraient avoir pour but d'augmenter le nombre des agriculteurs de cette classe, dans laquelle sont compris tous ceux qui possèdent réunies les deux sortes de capital agricole qui se composent de la terre d'abord, et de toutes les richesses mobilières ou capital d'exploitation proprement dit? Cela me paraît incontestable ; mais ce qui ne l'est pas moins, c'est qu'avant de faciliter, d'encourager ces agriculteurs dans l'exercice perfectionné de leur profession, avant même de chercher à augmenter le nombre de ceux-ci, il faut bien se garder de les détourner indirectement de leur profession, en les attirant vers d'autres carrières, soit par l'appât de l'ambition et de la vanité, soit par l'influence d'une éducation qui détermine en quelque sorte forcément la vocation de la jeunesse. Enfin, avant de songer à encourager, il ne faudrait pas décourager, en un mot, défaire d'une main ce qu'on édifie de l'autre. C'est pourtant ce qui arrive trop souvent, quand on veut se mêler de tout diriger, au lieu de laisser les choses suivre leur cours naturel.

Vous le voyez, et j'en conviens franchement, je suis dominé par cette pensée que les propriétaires exploitant eux-mêmes peuvent seuls faire prospérer rapidement l'agriculture, et que les grands propriétaires pourraient y contribuer encore plus efficacement que les autres, à cause des moyens considérables dont ils disposent. Je reconnais que cette opinion, avec toute l'étendue que je n'hésite pas à lui donner, rencontre beaucoup de contradicteurs et d'opposants très-décidés ; cependant, elle est chez moi le résultat d'une conviction profonde, basée sur les faits et sur une expérience personnelle, et je crois l'avoir mise en une évidence incontestable : je la tiendrai donc pour admise, et, par suite, je regarderai comme chose désirable tout ce qui pourra faire naître ou favoriser chez les propriétaires la disposition à faire valoir leurs terres, et comme fort regrettable tout ce qui tendrait à les en détourner, de quelque nature que puissent être ces influences et de quelque part qu'elles puissent venir.

J'ai exposé dans ma dernière lettre diverses causes, dont quelques-unes fort anciennes, qui ont

beaucoup contribué à éloigner les propriétaires de
la vie rurale. Cet effet a malheureusement été fort
général; cependant il ne faut rien exagérer, et je
me plais à reconnaître qu'il s'est opéré à cet égard
quelques changements favorables, quoique lents,
et que parmi les propriétaires, un certain nombre
se sont soustraits à l'empire des préjugés domi-
nants. Si beaucoup d'autres hésitent à suivre la
même voie, ils sont retenus par des préoccupations
dont quelques-unes sont faciles à dissiper. C'est ce
que je crois pouvoir faire à l'égard d'une opinion
très-fausse, ou du moins très-exagérée, et dont
l'influence est extrêmement fâcheuse.

Ainsi, il y a en France beaucoup de propriétaires qui, sollicités, réveillés en quelque sorte par
la lecture des récits, des comptes rendus de la
presse nationale ou étrangère, ou bien encore par
certains résultats que des circonstances fortuites
les ont mis à même de voir de leurs yeux, éprouvent de fortes tentations de faire valoir des biens
ruraux dont le produit est minime dans leur état
actuel. Ces propriétaires se sentiraient même le
courage de braver les oppositions de plus d'un
genre qu'ils rencontreront autour d'eux, y compris les prédictions décourageantes, les critiques et

même les plaisanteries, qui ne leur seront pas
épargnées, cela est certain ; mais ils sont retenus
surtout par la crainte de se vouer à un genre de
vie qui leur imposerait le sacrifice entier de leurs
goûts et de leurs habitudes. Ils se figurent que,
sous peine de courir à une ruine certaine, inévitable, dès l'instant qu'un propriétaire s'avise de
faire valoir son bien, il doit, en quelque sorte,
devenir un tout autre homme qu'il n'était avant
d'avoir pris ce parti ; qu'il devra dorénavant être
couché avec le soleil et levé avant l'aube, en tout
temps, en toute saison ; qu'il devra passer ses
journées entières dans ses étables, dans ses écu-
ries ou ses champs, être continuellement sur les
épaules de ses domestiques et de ses ouvriers ;
enfin qu'il devra ne se donner ni trève ni repos,
de nuit comme de jour. Voilà, en effet, ce que ne
manquent pas de dire et de répéter beaucoup de
gens qui, pour des motifs faciles à pénétrer, ne
désirent pas du tout de voir les propriétaires se
mêler directement du soin de leurs affaires ; et l'on
comprend facilement que si les choses étaient ainsi,
et que les conditions de la vie rurale fussent aussi
rebutantes, un homme ayant de l'éducation, de
bonnes relations sociales et une position modeste,

mais convenable, hésitât ou se refusât même à prendre un parti aussi rigoureux, aussi radical, dans le but unique d'améliorer sa fortune et d'augmenter son revenu de quelques mille francs chaque année. Heureusement, rien de semblable n'est nécessaire, et il n'est pas besoin de s'imposer ainsi le sacrifice de tous ses goûts, de toutes ses habitudes. Sans doute une active surveillance de la part du maître est très-utile, et même nécessaire; mais le point essentiel, la condition vraiment indispensable, c'est que l'entreprise agricole soit bien conçue, et de telle sorte que la puissance de l'intelligence et des capitaux assure à la production une supériorité qui contre-balance et qui dépasse l'augmentation de dépenses nécessitée par une exploitation plus dispendieuse que celle qu'elle remplace.

Excepté dans des contrées fort circonscrites où l'agriculture est très-avancée, et où je ne conseillerais à personne de tenter de faire du nouveau et du mieux, il y a, je crois, peu de propriétés rurales qui ne soient susceptibles d'être portées à un revenu beaucoup plus considérable par des améliorations appropriées aux différentes localités. Je me bornerai à en indiquer quelques-unes : ici, ce sera

par l'emploi de l'élément calcaire que le sol réclame impérieusement ; là, par la création d'un
système d'irrigation intelligent et souvent très-peu
coûteux, ou d'assainissement aussi productif qu'indispensable ; ailleurs, par des plantations de vignes,
de mûriers, d'oliviers, ou même par des semis
d'arbres résineux ; ailleurs enfin, par l'emploi
d'engrais que la proximité d'une ville ou d'un port
de mer permettra de se procurer à des prix avantageux, etc., etc. Sans doute rien de tout cela ne
pourra se faire sans des déboursés souvent considérables et dont il faut se rendre compte fort exactement avant de rien entreprendre et de se mettre
à l'œuvre ; bien plus, on devra faire une large part
aux éventualités défavorables ; car tout est là. Si
des calculs justes reposent sur des prévisions sages
et bien fondées, le succès est assuré, malgré
de petites négligences d'exécution, de petites
fuites qu'il faut pourtant fermer et étancher, autant que faire se peut ; mais cette dernière circonstance est d'un intérêt secondaire, et, si l'entreprise
ne repose pas sur des bases solides et des appré-
ciations telles que l'accroissement des produits dépasse largement celui des frais, cette entreprise
est atteinte d'un vice radical et sans remède. Vainc-

ment on s'attacherait à de minutieux détails, à supprimer les menus coulages et à multiplier les petits
bénéfices, on sera toujours en perte ; peut-être le
sera-t-on un peu moins, voilà tout. Souvent, très-
souvent même, une parcimonie mal entendue peut
être une cause de perte, car la hardiesse est quelquefois de la prudence, et le contraire est également
ment vrai.

La vérité de ce que je viens d'exposer ne sera
contestée par aucune personne de bonne foi ; quiconque aura examiné ces choses de près, reconnaîtra avec moi qu'il est possible et même facile
à un propriétaire d'établir, avant de rien entreprendre, les dépenses auxquelles il devra pourvoir,
ainsi que les produits de sa future exploitation,
d'une manière aussi positive et aussi exacte tout
au moins que s'il s'agissait d'une entreprise industrielle d'une autre nature ; mais ici, je le reconnais, le propriétaire rencontrera une difficulté, un
embarras réel, et que je ne songe pas à dissimu-
ler ; le voici : Dans la position que j'entends lui
assigner à la tête de son exploitation, il lui est
indispensable d'avoir sous ses ordres un agent pour
les recevoir et pour veiller à leur accomplissement
dans tous les détails d'exécution ; cet agent doit

être, avant tout, honnête et actif, et suffisamment instruit pour tenir une comptabilité très-
simple et une correspondance du même genre; il
n'est pas du tout nécessaire qu'il soit un savant
agronome, et il serait surtout très-fâcheux qu'il
eût, à cet égard, des prétentions presque toujours
incommodes, et souvent fort dispendieuses quand
elles se traduisent en essais, en nouveautés, dont
la pratique n'a pas pu garantir les avantages. Pour
remplir convenablement le poste dont il s'agit, il
suffirait donc de trouver un jeune homme sachant
bien lire, écrire et compter, et ayant travaillé pendant quelques années dans une exploitation d'une
importance suffisante. Il semblerait que, pour
mettre la main sur un sujet pareil, on n'éprouve-
rait que l'embarras du choix; mais il en est tout
autrement, surtout dans les contrées pauvres, dé-
laissées, et qui sont cependant celles où les entreprises agricoles seraient tout à la fois les plus utiles
et les mieux situées pour donner des bénéfices importants. Là, l'ignorance domine, et les notions
suffisantes de lecture, d'écriture et de calcul sont
tellement rares, que celui qui les possède se croit
pour cela seulement un personnage important; il
mesure à cette échelle ses prétentions, et je ne

9.

doute pas que le propriétaire ne soit obligé de les
subir, jusqu'à un certain point, dans leur exagé-
ration ; il devra faire à cet article une part suffisante dans le calcul de ses frais généraux. J'ai souvent pensé à la nécessité de créer cette classe
d'agents, dans le cas où un grand nombre de propriétaires prendraient le parti de faire valoir leurs
biens. Il m'a toujours paru facile de faire cesser la
pénurie que je viens de signaler, et cela sans de
grandes dépenses. Il suffirait d'établir dans chaque
département, ou tout au moins dans ceux que
comprend le centre de la France, des fermes modèles où les jeunes gens acquerraient en peu d'années les connaissances nécessaires aux fonctions de
régisseur dans une exploitation d'une importance
moyenne. S'il s'agissait d'une entreprise très-vaste,
le propriétaire qui voudrait la fonder pourrait faire
choix d'un régisseur parmi les sujets les plus capables sortis des Instituts agricoles justement renom-
més, soit en France, soit à l'étranger, car alors
l'importance de la rémunération de l'agent serait
en rapport avec celle de l'entreprise.

Étant animé d'un sincère désir de voir les propriétaires se décider à devenir agriculteurs, j'ai dû
rechercher et exposer les causes des influences

diverses ayant pour effet de les détourner de cette voie, afin d'arriver plus sûrement aux moyens d'écarter, s'il est possible, ces différents obstacles. Mais il en est un que j'ai seulement indiqué plusieurs fois, et sur lequel je ne puis m'empêcher d'insister, car il est plus puissant peut-être que tous les autres réunis; j'entends parler de l'instruction et de l'éducation que reçoit actuellement et que recevra encore longtemps, je le crains bien, la jeunesse appartenant aux familles riches ou aisées, au sein desquelles je voudrais voir se former des prosélytes pour la vie rurale, cette vie vers laquelle on se précipiterait à l'envi, si l'on connaissait tous les avantages et toutes les jouissances pures et attachantes qu'elle procure. Mais, loin de favoriser cette tendance, tout semble arrangé, comme à dessein, pour en étouffer le goût dans son germe pendant le cours de la première jeunesse.

Il y a déjà bien des années, je me suis exposé à des animosités passionnées et à des attaques véhémentes pour avoir osé exprimer, avec de grands ménagements cependant, des convictions profondes et réfléchies, et que le temps n'a fait que confirmer, touchant notre système d'instruction publique considéré dans son but, ses moyens et ses résultats. Ces colères, ces violences ne m'ont pas surpris, et je les avais prévues; elles se déchaîneront inévitablement contre quiconque sera assez téméraire pour s'attaquer à une institution puissante, dont l'existence remonte à plus de quarante ans et au sein de laquelle se sont formés les hommes qui, à l'heure qu'il est, occupent tous les emplois publics, depuis le plus humble jusqu'au plus élevé. En pareil cas, non-seulement on voit se dresser contre soi la phalange serrée des innombrables fonctionnaires de ce qu'on appelle, avec trop de raison, le corps enseignant; mais, ce qui est plus fâcheux et plus décourageant, on ne peut se flatter de rencontrer dans le public l'assentiment et l'appui nécessaires; on doit plutôt s'attendre de sa part à de l'indifférence tout au moins, car on a nécessairement pour adversaires deux puissances bien redoutables, l'habitude et l'amour-propre. L'habitude, qui fait que les défauts les plus choquants passent inaperçus, et l'amour-propre qui se révolte contre des critiques rejaillissant nécessairement de l'enseignement sur ceux qui l'ont reçu et qui composent le public presque tout entier. Vous voyez que je ne me suis point fait illusion sur les difficultés qui s'opposent à l'adoption d'un

système d'éducation et d'instruction fort différent
de celui qui existe, mais qui, au lieu de ne s'ap-
puyer que sur des traditions surannées, reposerait
sur des principes raisonnés, sur des bases conformes, d'une part, à la nature et à l'étendue des
facultés de la jeunesse et à la marche progressive
de leurs développements, de l'autre, aux besoins,
aux exigences de notre société actuelle et à l'état
des diverses connaissances au point où elles sont
parvenues de nos jours.

Je ne sais en vérité si je m'abuse, mais il me
semble qu'à moins de s'abandonner volontairement,
sur un objet d'une telle importance, aux chances
du pur hasard, ou aux décisions d'une routine aveugle
et inintelligente, on ne saurait se refuser à admettre les bases que je viens d'indiquer. En effet,
n'est-il pas certain que l'être humain se modifie à
chaque instant de son existence? que ce phénomène est encore plus manifeste dans les différentes
phases de son développement, depuis l'âge de l'enfance jusqu'à celui le plus voisin de la virilité? que
par conséquent les aliments offerts à l'intelligence
de la jeunesse et l'exercice que l'on exige de ses
facultés doivent être en rapport avec le degré de
développement qu'elles ont atteint, sous peine de

leur imposer des efforts tout au moins stériles, et, ce qu'on oublie trop souvent, de transformer l'étude en une véritable peine, tandis qu'elle pourrait et devrait être, non pas un plaisir, dans le sens ordinaire de ce mot, mais la source d'une satisfaction très-réelle? car il est dans notre nature, à tout âge, que l'exercice fructueux de nos facultés nous donne des jouissances; c'est le sentiment de notre impuissance qui est pénible et même douloureux. Ces principes, sur lesquels devrait reposer toute éducation raisonnable, sont aussi immuables que les lois de notre nature morale, physique et intellectuelle, et ce n'est jamais impunément qu'on se permet de les violer ou de s'en écarter. Quant à la seconde base, qui se modifierait suivant les temps, les époques et le développement des connaissances, je ne sais quelle objection on lui pourrait opposer. En effet, excepté l'enseignement de la religion et de la morale, qui est invariable comme ces objets eux-mêmes, tout autre enseignement doit être subordonné aux besoins, aux convenances de ceux auxquels il est destiné, à leur plus grand avantage bien compris et par suite à celui de la société en général.

Ces deux règles une fois admises comme la véri-

table pierre de touche pour juger de la bonté d'un
système d'instruction publique, je demanderai qu'on
l'applique à celui qui existe en France depuis la
fondation de l'Université, et qui paraît devoir sub-
sister indéfiniment. Je ne sais jusqu'à quel point
l'empire de l'habitude, l'influence funeste des préoccupations politiques et gouvernementales par-
viendront à fausser le droit sens que chacun possède par don de nature, mais quant à moi, qui
n'ai pas pu subir le joug de la première et qui ai
toujours ressenti l'aversion la plus vive pour le
machiavélisme politique, j'ai fait l'épreuve que je
me permets de recommander; je l'ai faite pour
ma propre édification, et le résultat est tel, que
j'éprouve quelque hésitation à l'exprimer dans sa
rude naïveté. Je le ferai cependant, mais comme
on remplit un devoir, pour l'acquit de ma conscience et en ne plaçant mon espoir que dans un
avenir fort éloigné.

En effet, pour ce qui concerne les facultés du
jeune âge, leur portée, leurs tendances et la marche de leur développement, quand, au lieu d'étudier ces divers éléments avec un soin scrupuleux et
une affection consciencieuse, afin de les féconder
par une direction intelligente, on aurait pris à tâche

de les froisser et de les contrecarrer en tous points, il me semble qu'on n'aurait pas pu agir autrement qu'on n'a fait. Pour me rendre une raison quelconque de l'attachement à un tel système, j'ai pensé qu'il pouvait être une conséquence de ce culte superstitieux de l'antiquité, qui manifeste sa puissance en toute occasion, et qui peut bien l'exercer sur l'éducation comme sur la politique. Quand on a vu Hérault de Séchelles réclamer un exemplaire des lois de Minos pour y puiser les bases de la Constitution destinée à l'approbation de la Convention, serait-il bien étonnant qu'on eût quelque penchant pour le système d'éducation de Lycurgue, qui, soit dit en passant, permettait le vol aux jeunes Spartiates, à la seule condition qu'ils pussent se laisser dévorer les entrailles sans jeter un cri?

Si les partisans passionnés du système actuel se trouvaient offensés du jugement que j'ai dû porter et de la conjecture que je viens de hasarder, je me permettrais de leur répondre qu'ils ne doivent s'en prendre de ma témérité qu'au système lui-même, qui semble injustifiable d'après les règles ordinaires du bon sens, et qui cependant doit avoir une raison d'être et de se maintenir tel qu'il est, malgré les objections si graves qui s'élèvent contre lui. Comment s'expliquer, autrement que par un culte superstitieux pour les traditions anciennes, un fait tel que celui-ci, par exemple : On doit reconnaître, car il semble impossible de le contester, que par la volonté sage et bienfaisante du Créateur, les dispositions dominantes du premier âge sont l'activité de l'esprit et du corps, la curiosité, enfin le besoin incessant de se mettre en contact, en rapport avec les objets extérieurs pour recueillir une multitude de notions individuelles; tandis que la faculté de former des idées abstraites, de les combiner, de les généraliser n'existe encore qu'en germe, et ne parvient que plus tard, et la dernière de toutes, à son complet développement; comment se fait-il cependant que ce soit précisément cette faculté qu'on s'obstine à solliciter prématurément, à exciter de préférence aux autres? Pourquoi, par une marche tout opposée et conforme au vœu de la nature, ne pas s'adresser aux autres facultés physiques et intellectuelles, pour recueillir et rassembler avec ordre et méthode un grand nombre de faits sur lesquels plus tard l'intelligence progressivement développée viendrait appliquer sa puissance d'analyse et de généralisation? Si je ne devais me renfermer étroitement dans la partie de cette grande question qui a le rapport le plus direct et le plus intime avec le sujet qui m'occupe, il me serait bien facile de faire ressortir, de mettre en évidence ces contre-sens continuels, dont on est frappé quand on examine avec une sérieuse attention le système d'éducation et d'instruction que subit la jeunesse, enchaînée à l'étude presque exclusive de deux langues mortes, dont les règles subtiles et abstraites sont pour l'enfance le sujet d'étude le plus ingrat, le plus rebutant ; car enfin, on ne saurait le nier, le résultat de huit ou dix années d'études se résume, à très-peu de chose près, dans la connaissance du latin et du grec, et de la langue française, il est vrai, mais celle-ci n'occupant en réalité que le dernier rang. Il se pourrait que l'on essayât de contester ce dernier point, mais il n'en est pas moins de la plus exacte vérité, et, par la nature et les procédés de l'enseignement, il ne peut en être autrement. Pour quiconque est sans préjugés, sans parti pris dans cette question, un tel résultat doit paraître bien insuffisant, bien incomplet ; mais il est encore plus regrettable sous un autre point de vue d'une bien haute importance. Sans s'arrêter à la partie purement grammaticale,

littéraire et philologique des études classiques, si
on pénètre jusqu'à la substance même des objets
de ces études, n'a-t-on pas lieu de s'étonner que
dans notre pays, à l'époque où nous vivons, nos
enfants destinés à professer la foi chrétienne, à
pratiquer les préceptes de l'Évangile, fondement
d'une religion de charité et de mansuétude, appelés à vivre sous la loi de l'égalité civile et politique, soient nourris, imbus dès l'âge le plus
tendre, des idées du paganisme antique, qu'on
prenne soin de leur offrir sans cesse comme des
types et des modèles dignes d'admiration, et sans
doute d'imitation, les hommes et les institutions
de ces temps anciens, alors que les sociétés auxquelles ils appartenaient étaient constituées dans
un but entièrement opposé à celui que nous pour-
suivons, ou du moins que nous disons vouloir atteindre? En vérité; une telle anomalie semble
inexplicable, et chacun peut, avec quelque réflexion, en apprécier les conséquences. Mais je me
borne à ce simple aperçu d'un si grave sujet; ceux
qui voudront être complétement éclairés sur le vice
moral de cet enseignement et sur les conséquences
fatales qu'il a eues dans des temps de douloureuse
et funeste mémoire, en trouveront le tableau fidèle

et saisissant dans un écrit très-court et très-sub-
stantiel, publié récemment par M. Fr. Bastiat,
sous le titre de *Baccalauréat*. Si les idées exposées dans cet excellent ouvrage ne devaient pas,
avec le temps, triompher des préjugés soutenus
par l'habitude et l'irréflexion, il faudrait désespérer de l'avenir d'un pays où la raison la plus irrésistible aurait si peu d'empire. Je n'essayerai pas,
quant à moi, d'ajouter de nouveaux arguments à
ceux que M. Bastiat a produits avec tant d'évidence ; je craindrais plutôt de les affaiblir en les
étendant, et je me renfermerai particulièrement
dans mon sujet.

On ne saurait contester, je pense, que les impressions reçues dans la première jeunesse, la nature des idées et des connaissances dont on a
meublé la tendre intelligence des enfants, n'aient
une influence très-grande, souvent décisive, sur
beaucoup d'entre eux, et pour toute leur vie, en
déterminant leur vocation pour une carrière, de
préférence à toute autre. Désirant donc qu'un
grand nombre de jeunes gens appartenant, comme
presque tous ceux qui peuplent les colléges, à des
familles de propriétaires, s'adonnent à la vie rurale et à la pratique de l'industrie agricole, j'ai le

droit de regretter que cette jeunesse soit élevée et
instruite en dehors de tout ce qui, de près ou de
loin, peut avoir le moindre rapport avec cette industrie. Je n'entends pas réclamer pour nos colléges un enseignement direct des principes généraux de l'agriculture, qui, cependant, pourrait
occuper le temps des enfants au moins aussi bien
que l'obligation de scander des vers latins, ou de
piocher le Jardin des racines grecques ; mais je
n'élève pas des prétentions aussi exorbitantes ; je
me bornerai seulement à remarquer que plusieurs
sciences d'expérience et d'observation, comme la
physique, la chimie, l'histoire naturelle, la botanique, la minéralogie, enseignées judicieusement,
d'une manière élémentaire et non superficielle
(choses très-différentes), donneraient aux enfants
des idées justes et très-utiles, qu'ils ne trouveront
certainement pas dans Quinte-Curce ou Démo-
sthène. Je pense que ces objets d'étude adoptés
de bonne foi, et non pas seulement pour figurer
sur des programmes illusoires et dénués d'application sérieuse, seraient tout à fait en rapport avec
les facultés du jeune âge et favorables à la direction de ses goûts et de ses penchants à une époque
plus avancée de la vie. Mais je me permettrai

d'insister sur un point, c'est que l'Université, comprenant bien son intérêt autant que celui de la société, adopterait sincèrement, franchement, le parti de faire marcher de front et parallèlement l'enseignement des sciences et celui des lettres anciennes et modernes, et ne ferait pas seulement une concession apparente et dans le but d'imposer silence aux réclamations importunes qui s'élèvent si souvent à ce sujet. Si on m'accusait, dans cette occasion, de manifester une méfiance que je ne dissimule pas, je pourrais invoquer, pour la justifier, ce que j'ai entendu jadis à la Chambre des députés, pendant une discussion animée sur cette question. Un des organes les plus importants, sous tous les rapports, des doctrines universitaires, ayant combattu avec vivacité des opinions analogues à celle que je viens d'indiquer, sur une réforme nécessaire dans l'enseignement, résumait son opinion à peu près en ces termes : « Sachez-le bien, Messieurs, l'enseignement des langues anciennes doit être tout ou rien. » Cette sentence parut trop absolue, j'en conviens, et celui qui l'avait prononcée put regretter de l'avoir ainsi formulée; mais je crois qu'elle exprimait la pensée véritable du corps enseignant, car elle est con-

forme à la réalité des faits et à la pratique journalière.

Un changement aussi profond dans le système
actuel me paraît nécessaire, indispensable ; je le
souhaite ardemment, et, je l'avoue, je ne vois
pas de probabilité pour qu'il se réalise prochaine-
ment ; car malheureusement, dans notre pays, il
est facile, trop facile de renverser trônes et gou-
vernements ; mais une fois que ces grands boule-
versements sont accomplis, les réformes les plus
utiles rencontrent tout autant d'opposition, quelquefois davantage, que sous l'ordre de choses récemment renversé. D'ailleurs, ce changement dont
j'ai parlé, et selon moi si désirable, ne pourrait
s'opérer sans des réformes qui en seraient la conséquence nécessaire ; ainsi il faudrait supprimer
entièrement l'épreuve du baccalauréat, ou du moins
modifier profondément les conditions du concours
et les termes du programme. Ce n'est pas tout ; je
m'empresse de reconnaître le premier que nos
lycées actuels, de même que les anciens colléges,
car le nom seul est changé, sont pour la plupart
constitués de telle sorte, qu'ils ne sauraient admettre l'éducation et l'instruction telles qu'elles
devraient être pour donner ce qu'on est en droit

d'attendre d'elles ; des réformes nécessaires se lie-
raient les unes aux autres. Ainsi l'État devrait
renoncer à entretenir des pensionnaires, à quelque
titre que ce soit, et l'on ne verrait plus, comme
à Paris et dans quelques grandes villes, des colléges renfermant plus de six cents élèves internes,
ce qui rend, quoi qu'on puisse dire officiellement
chaque année, toute véritable éducation impossible.
Les familles, je le sais, aiment à s'abuser sur ce
point ; mais convient-il de tromper leur tendresse
trop facile à rassurer, en leur prodiguant des promesses démenties par les faits et la nature des
choses ? La conséquence matérielle de cette réforme vraiment morale serait de rendre disponibles
de vastes emplacements, de spacieux locaux, occupés actuellement par des dortoirs, des buanderies,
lingeries, réfectoires, cuisines, etc., etc., enfin
par tout ce qui constitue l'attirail fort vulgaire et
très-peu scientifique d'un immense ménage, ou,
si l'on veut, d'une somptueuse caserne. Quelle
facilité l'on aurait tout de suite pour remplacer
tout ce bagage par l'établissement de bibliothè-
ques, de cabinets de physique, d'histoire naturelle,
de minéralogie, par des salles de dessin, des labo-
ratoires, etc., etc., composant les accessoires in-

dispensables d'un enseignement complet, et tel
que le réclament les besoins et les convenances de
notre époque! Mais puisque je me suis permis de
former de simples vœux, chose fort innocente assurément, sur des changements nécessaires dans les
conditions actuelles de l'éducation publique, je
compléterai ma pensée par l'expression d'un désir
que voici :

Je voudrais que les établissements d'instruction
publique, surtout ceux dépendants de la capitale
et des grandes villes, fussent transportés hors de
leur enceinte et sur quelque point de la campagne
rapproché de leurs murs. Ce déplacement des établissements de l'État serait suivi inévitablement
de celui des établissements privés, tels que les institutions et les pensions de tous les degrés; alors,
les jeunes gens et les enfants pourraient jouir d'un
air sain et fortifiant, et ils se trouveraient ainsi
rapprochés d'une foule d'objets qu'ils appren-
draient à connaître, auxquels ils prendraient intérêt, et vers lesquels, plus tard, ils se sentiraient
attirés; cette situation ne serait-elle pas préfé-
rable, sous tous les rapports, à l'espèce de claus-
tration dans laquelle ils vivent pendant les longues
années de l'éducation actuelle? Je l'avouerai, l'as-

pect extérieur et intérieur d'un collége m'a toujours frappé par sa triste ressemblance avec celui
d'une prison. Ces portes massives, sévèrement
gardées, ces murs sombres et noircis par le temps,
ces cours où quelques arbres couverts de pous-
sière végètent misérablement, forment un ensemble fort peu propre à favoriser chez les enfants
les dispositions expansives de leur âge, et doivent
avoir, au contraire, pour effet de les refouler en
eux. Il me paraît difficile que, dans de telles conditions matérielles, jointes à celles d'un autre ordre
que j'ai signalées plus haut, l'enfant ou le jeune
homme qui y sont soumis puissent jouir du bonheur, qui est pourtant si facile à cet âge de la vie.
On dira peut-être que ce temps est un état de
préparation pour la vie civile, celle de l'homme
fait et complet; mais alors une réflexion des plus
sérieuses se présente naturellement. Supposons,
ce que je suis loin d'admettre, qu'une éducation
sévère, et même triste, soit la plus propre à développer des facultés puissantes, et que l'enfant,
parvenu à l'âge viril, devra se féliciter d'avoir passé
ses premières années de manière à ne conserver
de ce temps d'épreuve que la satisfaction d'en
avoir atteint le terme; supposons tout cela, ce que

je conteste absolument; qui vous assure que l'enfant est destiné à parcourir une carrière assez longue pour recueillir le fruit supposé des privations et des ennuis qui lui auront été imposés? Connaissez-vous le terme que Dieu a fixé à la durée de son existence sur la terre? N'est-il pas certain, au contraire, qu'un nombre plus ou moins considérable de ces enfants n'atteindront pas l'âge viril, dont on paraît se préoccuper exclusivement, et n'aurait-on pas sujet de regretter que la vie, qui aura été bien courte pour ces derniers, se soit écoulée dans des conditions si peu favorables à leur bonheur?

Mais je m'aperçois qu'entraîné par une pensée dominante, j'ai donné à cette lettre un développement inusité, et cependant il se pourrait que je ne fusse pas parvenu à faire sentir, comme je l'aurais désiré, le lien intime qui rattache à la grande question de l'éducation et de l'instruction le sujet particulier qui m'occupe. Pour bien saisir cette vérité, il faut reconnaître la liaison qui existe, souvent inaperçue, entre les impressions du jeune âge et leurs conséquences les plus éloignées. C'est ce dont chacun pourra s'assurer en réfléchissant sérieusement sur soi-même, sur les événements de sa vie, et sur certaines circonstances qui ont souvent exercé la plus grande influence sur sa propre destinée.

Tous les chasseurs nous disent, et je les crois sur parole, qu'un animal poursuivi par la meute et fuyant devant elle finit toujours, après les détours plus ou moins longs, par prendre le parti de revenir au *lancer*; eh bien! j'aperçois là un rapprochement à faire avec la destinée humaine. Le jeune homme, jeté pour ainsi dire au milieu de la vie du monde, est bientôt, lui aussi, pourchassé, harcelé par la meute haletante des passions tumultueuses; mais, plus tôt ou plus tard, la fatigue se fait sentir, et avec elle le besoin d'une existence qui lui garantisse un avenir assuré : alors, si ses premières années se sont écoulées à la campagne, si sa pensée se reporte avec complaisance sur des temps déjà loin de lui, croyez qu'il se sentira attiré vers la vie rurale et disposé à l'adopter. Dieu veuille, pour son avantage et celui des autres, qu'il en soit ainsi !

Recevez, etc.

V. TRACY.

SEPTIÈME LETTRE.

———

De la science agricole.

MONSIEUR,

Je viens aujourd'hui aborder un sujet qui me
paraît fort important sous un double rapport ; je
veux parler de la théorie ou de la science agricole, et des moyens de la perfectionner ou de la
fonder, si, après un sérieux examen, on reconnais-
sait qu'en réalité elle n'existe pas, du moins à
l'état que l'on doit souhaiter, et où il est possible
de l'amener. En effet, on comprendra facilement
que cette science étant élevée au degré de certitude

11

et d'harmonie dans ses diverses branches auquel il est possible d'atteindre, l'art qui en est l'application marcherait avec sûreté dans ses procédés, et que des hommes instruits et jouissant des avantages que donne l'aisance et même la fortune, se sentiraient plus disposés à embrasser une profession ainsi relevée à leurs yeux, et devenue une industrie aussi savante, et même beaucoup plus savante qu'aucune de celles qui sont l'objet d'une considération générale, d'ailleurs très-méritée. Il est certain que l'agriculture se rattache par une multitude de points à des sciences fort diverses, et que l'étude et la connaissance d'aucune de ces sciences n'est indifférente et sans une utilité plus ou moins directe. Je sais que beaucoup de personnes disent et pensent le contraire ; et il n'est pas rare d'entendre affirmer, avec l'aplomb et l'assurance qui, très-souvent, sont compagnes de la sottise, que l'agriculture étant par elle-même un pauvre et ingrat métier, le moyen le plus infaillible pour qu'il devienne tout à fait ruineux, c'est de vouloir apporter dans sa pratique autre chose que l'observation scrupuleusement traditionnelle des routines et des habitudes locales. Tout en reconnaissant que des fautes commises par quelques personnes sans expérience ont pu rendre plausible, jusqu'à un certain point, cette assertion, je ne m'attacherai pas à la réfuter autrement qu'en m'efforçant de bien préciser le sujet que j'ai indiqué, par quelques réflexions préliminaires, et en fixant certains principes sur lesquels repose la question même dont il s'agit.

La puissance de tous les hommes réunis ne saurait créer un atome de matière, ni augmenter, diminuer ou modifier en aucune manière les forces qui, agissant sans cesse sur la matière, produisent et détruisent sans cesse également les agrégations et les combinaisons que nous appelons des corps.

Le travail de l'homme a pour but et doit avoir pour résultat d'obtenir ces transformations et de former ces combinaisons de manière à satisfaire ses besoins et ses désirs de toutes sortes, d'où naît la propriété d'utilité, en prenant ce mot dans son étendue la plus compréhensive. Mais pour créer cette propriété particulière et toute relative, l'utilité, le travail humain, l'industrie humaine, comme on voudra les appeler, n'ont à leur disposition que la matière telle qu'elle existe, et les forces sans cesse agissantes sur elle, telles aussi qu'il a plu à l'auteur de toutes choses de vouloir qu'elles fussent;

il est donc certain, évident, que le premier, le plus grand besoin de l'homme, et son intérêt le plus pressant, sont de connaître les corps ou la matière agrégée, combinée sous des formes infinies, et les lois constantes qui président à ces multitudes de combinaisons. Et c'est précisément cette connaissance qu'on appelle science. Or, il est évident également que la science en général, ou ses différentes branches, doivent précéder tout travail, toute industrie qui n'en sont que l'application, et dans le but unique de créer la propriété appelée utilité. Si l'on prend la peine de se rendre compte de ce qui se passe tous les jours, à chaque instant, et sous nos yeux, on verra qu'il en est ainsi toujours et partout. Depuis le travail manuel le plus simple exécuté à l'aide des instruments, des outils les moins compliqués, jusqu'à ces opérations industrielles accomplies avec le concours des machines les plus puissantes et de la construction la plus savante, tout est soumis à la même loi; nécessairement, inévitablement, toute opération industrielle, quelle qu'elle soit, n'est et ne peut être qu'une série d'applications de découvertes scientifiques antérieures. Quoique ces découvertes et ces principes scientifiques soient souvent d'une simplicité telle que leur caractère disparaisse, il n'est pas moins certain que l'industrie ne fait autre chose que de résoudre à chaque instant une multitude de problèmes de mécanique organique ou inorganique, de physiologie végétale et animale, de physique, de chimie, etc., etc.; car il ne peut en être autrement. Cela posé, on reconnaîtra sans doute que l'agriculture, en dépit d'un préjugé qui commence à se dissiper un peu, étant une industrie semblable aux autres, quant à son but et à ses conditions essentielles, ne saurait se développer comme art qu'avec le secours de la science, et qu'elle est directement intéressée aux progrès de celle-ci.

Une science, quelle qu'elle soit, ne peut faire de progrès réels et assurés que par le secours de deux moyens : l'observation et l'expérience. C'est par eux, et par eux seuls, que toutes les sciences physiques et dites naturelles ont fait des pas immenses dans les temps modernes. Je sais qu'il y a une troisième méthode, celle des hypothèses, des raisonnements *à priori*, qui, au lieu de marcher du connu à l'inconnu, d'étudier les faits particuliers pour en déduire les principes généraux, en un mot, de remonter des effets aux causes, commence par poser des principes absolus, arbitraires, et s'arroge ensuite le droit d'y ramener les faits en dépit de leur insurmontable et bien légitime résistance. Cette méthode, en grand honneur chez les anciens, a donné naissance à de bien étranges théories, à de curieux systèmes en physique et en cosmogonie ; défendus pendant longtemps avec opiniâtreté, à cause de leur origine révérée, ils sont enfin tombés dans un discrédit si complet, que personne, de nos jours, n'oserait les défendre ou plutôt les ressusciter. Toutefois, la vénérable antiquité peut se consoler de cette disgrâce superficielle quand elle promène ses regards sur la morale et sur la politique, constamment soumises à son empire et sur lesquelles sa méthode et sa philosophie n'ont pas cessé d'exercer une domination officielle. Aussi, nous ne pourrions, sans ingratitude, leur refuser le tribut de notre reconnaissance pour les progrès accomplis jusqu'à nous, et dont, sans doute, nous recueillons le fruit au sein de nos sociétés modernes, si riches, comme on le voit, de paix, de concorde et d'harmonie. Mais je me hâte de revenir à mon sujet, et de déclarer que, pour faire avancer la théorie agricole, nous n'appellerons à notre aide que l'observation et l'expérience.

L'observation consiste à étudier les faits dans tous leurs détails, dans toutes les phases qu'ils parcourent, dans leurs rapports de ressemblance et de dissemblance; et par ce moyen, l'observation peut parvenir à découvrir les liens qui rattachent les effets aux causes. L'expérience, qui, sous beaucoup de rapports, procède comme l'observation, en diffère cependant en un point essentiel : c'est que, sans se borner à étudier les faits que la nature produit spontanément, l'expérience provoque la production de ces phénomènes préparés à l'avance et dans un but déterminé.

L'observation exige, de la part de celui qui s'y consacre, de la sagacité, de la patience, un jugement droit et consciencieux que l'imagination ne puisse pas éblouir et faire errer; l'expérience réclame les mêmes qualités, mais quelque chose de plus : ce quelque chose est une faculté toute particulière, et qui peut souvent s'élever jusqu'au génie. En effet, l'idée d'une expérience est plus ou moins une sorte d'inspiration, de prescience, de divination, en dehors et au-dessus des procédés habituels de l'intelligence, et que le raisonnement tout seul ne saurait produire ou suppléer. Il y aurait beaucoup à dire sur cette faculté que l'on

pourrait aussi appeler invention, qui est certainement la plus précieuse de toutes, et qu'on s'attache
si peu à solliciter, à développer ; mais cela m'écar-
terait de mon sujet, et je me borne à examiner
ce que ces deux instruments, l'observation et l'expérience, peuvent faire dans l'état actuel des choses
pour l'avancement de la théorie, et par suite de
la pratique agricole.

Remarquons d'abord que si l'agriculture est,
sous les rapports les plus essentiels, une industrie
semblable à toutes les autres, elle en diffère cependant en un point très-important : c'est que, s'exer-
çant exclusivement sur le sol, qui est un élément
variable dans ses conditions physiques et atmosphé-
riques d'un lieu à un autre, les observations qu'on
peut faire sont individuelles en quelque sorte, et
qu'elles ne sont pas concluantes d'une manière
absolue ; que, pour être utiles, elles doivent être
faites avec un grand soin, être fréquemment ré-
pétées, et enfin qu'il faudrait les reporter à un
centre commun où elles seraient comparées entre
elles avec sagacité et avec une critique intelligente.

Quant à l'expérience proprement dite, ses conditions sont encore plus défavorables pour ce qui
concerne l'agriculture ; car, comme on ne peut

expérimenter qu'à l'aide d'un élément indispensable, la terre, le sol, il n'y a que ceux qui le possèdent ou le cultivent qui pourraient faire de véritables expériences dans le sens exact et scientifique de ce mot. Or, c'est ce qu'ils ne font pas, et j'ajouterai, c'est ce qu'ils ne sauraient faire. Bien des personnes étrangères à ces questions, et malheureusement c'est le très-grand nombre, pourront se récrier contre cette assertion très-positive, et pourront me dire que l'État possède ou subventionne plus ou moins largement des établissements portant le nom de fermes expérimentales. A cela je répondrai simplement que, dans ce cas comme dans beaucoup d'autres, on est dupe des mots ; seulement, dans celui-ci, on le serait bien volontairement, car les deux mots, *ferme expérimentale,* sont incompatibles logiquement, et s'excluent mutuellement, la ferme ayant pour but de donner un produit profitable, un bénéfice, alors que l'expérience ne doit amener qu'un résultat scientifique, une vérité pure, entièrement dégagée de toute considération d'utilité prochaine ou éloignée. Lorsqu'un homme doué du génie de la science, un savant physicien ou chimiste, enfermé dans son cabinet, dans son laboratoire, découvre quelque loi nouvelle dans la composition intime de certains corps, et dont la conséquence pourra quelque jour produire une révolution considérable dans une ou plusieurs industries, il ne s'en préoccupe nullement ; il constate un fait nouveau, une vérité scientifique, objet de ses heureuses méditations ; et pourtant il acquiert une gloire bien méritée, et il est ou il peut être dans l'avenir le bienfaiteur de son pays, bien plus, de l'humanité tout entière. Cela étant, si l'on est sincère dans ses témoignages d'intérêt pour l'agriculture, qu'on proclame sans cesse le premier des arts, pourquoi ne prend-on pas les moyens indispensables pour que la théorie agricole puisse faire de véritables progrès ? Si l'on est d'accord avec moi qu'il n'y a pour cela que deux instruments efficaces, l'observation et l'expérience ; si l'on veut bien reconnaître encore que des observations isolées et plus ou moins exactes sont à peu près insignifiantes pour la science, et que quant aux expériences proprement dites, elles sont impraticables dans les établissements nommés si mal à propos fermes expérimentales, il doit paraître évident qu'il est nécessaire de recourir à quelque chose de nouveau, de différent de ce qui existe : c'est ce que je me permettrai de proposer ;

mais avant, je crois devoir insister sur ce point,
que de véritables expériences agricoles ne sauraient
être faites par des particuliers. Il suffit pour cela
d'en poser les conditions. Pour qu'un propriétaire
pût s'acquitter de cette mission toute scientifique,
il faudrait le supposer très-savant, et passionné
pour la vie rurale; riche, car il n'y aurait que des
dépenses à faire sans aucun profit que pour la
science. Enfin, comme dernière condition aussi
indispensable que les deux premières, il faudrait
qu'il fût assuré d'une sorte d'immortalité, c'est-à-
dire d'une longévité extraordinaire, sans affai-
blissement de ses facultés, et sans changement
dans ses goûts, et dans son zèle pour les progrès
de la science agricole. On conviendra, je pense,
que la réunion de telles conditions ressemble bien
à une impossibilité.

De ces réflexions, il me semble permis de conclure que si l'on croit utile, et très-utile, comme
je le pense, de faire sur les phénomènes agricoles
des observations suivies et concluantes, et des expériences sérieuses, exactes et rigoureuses, il faudrait charger de ce soin, de cette mission, un petit
nombre d'hommes supérieurs, de savants du premier ordre, formant un comité, un bureau dont

les membres seraient remplacés lorsque des vides inévitables se produiraient dans son sein. Ce bureau aurait quelque analogie avec le Bureau des longitudes, dont la mission consiste à observer l'état du ciel, à constater et à consigner les phénomènes qui s'y produisent, et à recueillir les observations qui lui sont transmises de différents points du globe. Le bureau d'agriculture prendrait le même soin pour les phénomènes terrestres; il recueillerait les observations qui lui seraient adressées; il tiendrait note des expériences dont on lui ferait la communication; il répondrait aux questions qui lui seraient faites. Enfin, et c'est le point le plus important, il ferait, sur des terres dont il disposerait, des séries d'expériences exactes, rigoureuses, de différentes natures, et qui auraient pour résultat de résoudre d'une manière décisive une multitude de questions, dont plusieurs sont encore des sujets de controverse et d'incertitude, ce qui est très-fâcheux pour la pratique.

L'idée de la fondation de ce bureau paraîtra sans doute assez singulière à beaucoup de personnes qui, faute de s'être occupées de ces sujets avec quelque attention, ne comprendront pas l'utilité d'un tel établissement, et je ne doute pas qu'il ne

s'élève contre l'idée elle-même une foule d'objections qu'il m'est difficile de prévoir, et par conséquent de combattre et de réfuter. Cependant,
comme malheureusement il n'y a pas de discussion
ouverte devant moi, je suis réduit à chercher, à
deviner les objections les plus importantes qui probablement se produiront.

Une des premières porterait sans doute sur la
dépense qu'occasionnerait la mise à exécution de
ce projet. Je déclare tout d'abord que je suis fort
touché des considérations de ce genre, et que je
ne suis nullement disposé à en tenir peu de compte;
mais je ferai aussi observer que, quand il s'agit
d'une industrie aussi vaste que l'agriculture, une
découverte assez minime, un perfectionnement de
peu d'importance apparente, peuvent avoir pour
résultat d'augmenter la production pour des sommes
considérables, ou de diminuer dans un rapport semblable les frais de la production, ce qui revient
exactement au même. D'ailleurs, je pense que la
réalisation de ce projet n'entraînerait pas des dépenses considérables; celles-ci consisteraient nécessairement en frais de matériel et de personnel.

Quant aux premiers, ils s'appliqueraient d'abord
à la valeur locative d'un immeuble qui serait alloué

par l'État, ou à la location d'une propriété particulière dont la jouissance serait cédée pour de
longues années. Dans l'un comme dans l'autre cas,
les immeubles devraient être pourvus de bâtiments
suffisants pour loger les personnes et pour recevoir
les animaux nécessaires ; mais tout cela devrait
être réglé dans des proportions restreintes et modestes. Quant à la superficie du sol expérimental,
je pense qu'elle ne devrait pas être très-grande,
et qu'une centaine d'hectares suffiraient parfaitement pour atteindre le but qu'on doit se proposer.
Comme cet établissement devrait nécessairement
être situé fort près de la capitale, et que dans un
rayon aussi rapproché la location des immeubles est
élevée, on pourrait compter cette dépense pour
20,000 fr. par an, en ajoutant pour acquisition de
matériel, au moment de l'installation, 100,000 fr.
à 10 pour 100 par an, soit 10,000 fr. par an pour
cet article, ou 30,000 fr. pour les deux réunis.
Les dépenses du personnel consisteraient d'abord
dans le traitement annuel des savants, qui devraient
être au nombre de trois ou quatre au plus, chacun
recevant 10,000 fr. par an; ce serait une somme
de 30 ou 40,000 fr. ; ajoutant pour le payement
des agents secondaires, hommes de bureau et de

peine, journaliers, etc., etc., 30,000 fr., cela
ferait un total de 60 à 70,000 fr. qui, ajoutés
aux 30,000 fr. du chapitre du matériel, monte-
raient en tout à 90 ou 100,000 fr. Quand, pour des
causes que je ne prévois pas, la dépense s'élèverait chaque année à 120,000 fr., j'ai l'intime conviction qu'aucune dépense ne saurait être plus pro-
ductive que celle-ci. Mais je sens trop bien que
cela ne suffit pas, et que le point essentiel, indispensable même, c'est que cette conviction puisse
être généralement partagée. Je ne me fais aucune
illusion à cet égard, et je m'attends à ce que beaucoup de personnes, ne comprenant pas ce qu'auront à faire les savants réunis pour accomplir la
tâche, la mission que je ne fais qu'indiquer, pourront me demander quelles instructions ils devront
recevoir à cet effet du gouvernement ou du ministre de l'agriculture. A cette question, ma réponse sera aussi courte et aussi simple que le programme dont il s'agit : liberté complète, absolue,
de procéder comme ils l'entendront à la recherche
des faits scientifiques et des vérités théoriques dont
la découverte importe le plus à l'avancement de la
science agricole. Je serais sûr à l'avance que des
hommes éminents dans les sciences physiques et

naturelles, habitués à porter dans leurs observations, dans leurs expériences la sagacité remarquable et l'exactitude scrupuleuse qui président à tous leurs travaux, emploieraient la même méthode à la recherche des vérités et des faits qu'il importe le plus de constater et de découvrir. Si je pense que la confiance la plus entière et la liberté la plus complète doivent être accordées à des hommes si capables d'en bien user, ce n'est pas cependant que je n'aie aucune idée de ce qu'ils auraient à faire pour atteindre le but qui m'apparaît très-clairement déterminé, et je n'éprouverais aucun embarras pour indiquer une série de travaux dont les résultats devraient être d'une grande importance : ainsi, quoique les savants dont je réclame les lumières et les travaux soient bien plus capables que moi de poser de semblables questions, je me hasarderai à en indiquer quelques-unes.

Prenant, par exemple, parmi tant de sujets divers, celui des engrais ou amendements de toute nature, minérale, végétale et animale, appliqués sous les différentes formes, solides, liquides ou gazeuses, soit au sol, soit à la plante, soit même à la semence de toutes les espèces végétales com-

prises dans le domaine agricole, n'y a-t-il pas là
un champ très-vaste ouvert pour une multitude
d'expériences liées les unes aux autres, pendant
plusieurs années, en tenant note exactement, jour
par jour, heure par heure quelquefois, des phénomènes survenus, et de l'influence qu'ont pu
exercer les diverses circonstances météorologi-
ques? Ces observations consignées sur des regis-
tres, suivant leur importance, feraient servir les
données du passé à l'enseignement de l'avenir.

Un autre sujet d'études et d'expériences serait
celui qui embrasserait les différentes variétés de
grains, de fourrages, de racines et de tubercules
de toute espèce, dans le but de déterminer quelles
sont les plus productives, sur une superficie donnée
et dans des conditions identiques. Il est certain qu'il
existe des différences considérables dans les produits qu'on obtient des différentes variétés d'une
même plante; mais pour avoir à cet égard des
données certaines et concluantes, il faut non-seulement constater le poids et le volume des produits, mais encore bien connaître leurs qualités
nutritives; et c'est ce qui serait établi par des ana-
lyses faites avec le soin et l'exactitude que les savants apportent dans les travaux de laboratoire ou

de cabinet, et qui sont, il faut le dire, tout à fait inconnus à la plupart des hommes de pratique, quand ils se mêlent de faire ce qu'ils appellent des expériences.

J'ai presque honte d'être obligé d'exposer avec détail des idées qui me semblent si simples et si claires, qu'elles devraient être saisies et comprises au premier mot, et sur leur seul énoncé; mais comme elles sont peu de nature à fixer l'attention générale, il faut bien insister sur les considérations qui s'y rattachent, et sur celle-ci, par exemple :

Combien de questions très-importantes en agriculture sont encore le sujet de controverses sans conclusion ou solution définitive? De ce nombre est l'effet produit par le sel marin sur l'alimentation des bestiaux, sur leur santé, leur engraissèment, etc., etc. Encore à présent, on diffère sur ces points, non pas par des nuances et du plus au moins, mais de tout à rien; et cela n'est-il pas étrange? Cependant, cette question a passé du domaine de l'économie rurale dans la région considérée comme bien plus élevée, celle de la politique. De véritables expériences comparatives, faites avec soin et suivies pendant tout le temps nécessaire, résoudraient assurément le problème d'une manière définitive, incontestable, et chacun enfin pourrait savoir à quoi s'en tenir, et serait tiré d'une incertitude fâcheuse, où l'on se trouve au milieu d'assertions fondées sur de prétendues expériences dont les résultats ne sont ni plus ni moins que parfaitement contradictoires.

Mais je ne finirais pas si je voulais mentionner, indiquer seulement tous les sujets d'expériences et de recherches du plus haut intérêt qui se présentent en foule à mon esprit. Parlerai-je d'un véritable fléau qui afflige et désole, non-seulement la France, mais presque toutes les contrées de l'Europe : on comprend déjà qu'il s'agit de la maladie des pommes de terre. Je sais que cette calamité a une telle importance, que bien des essais ont été faits dans le but de combattre un mal dont les conséquences sont si funestes et si désastreuses pour des populations entières; cependant, tout a-t-il été tenté avec les moyens de la science, sauf ensuite à voir si ces moyens sont susceptibles d'entrer dans le domaine de la pratique, et d'être adoptés par elle? car c'est ainsi que devrait toujours procéder l'expérimentation scientifique telle que je la conçois et d'après l'analogie que j'ai indiquée plus haut avec les travaux scientifiques ordinaires. Je suis loin de prétendre que les physiciens, les chimistes et botanistes composant le bureau agricole tel que je le comprends, trouveraient un antidote contre le fléau dont il s'agit; mais du moins n'auraient-ils pas plus de chances pour le découvrir que des praticiens isolés, souvent peu instruits, qui ne peuvent que tenter des essais fréquemment interrompus par d'autres soins? Quant à moi, j'en suis persuadé, et je regrette que l'épreuve ne puisse pas en être faite par les soins de ce bureau central d'agriculture. Il embrasserait encore dans ses travaux ce qui concerne la naturalisation des végétaux exotiques et leur acclimatation, si toutefois celle-ci est possible, ce qui, si je ne me trompe, est tout au moins controversé. Des travaux du même genre s'appliqueraient aux animaux étrangers à notre pays, dont l'introduction et le croisement avec nos races indigènes pourraient être avantageux. Mais sans insister davantage sur les détails d'application du principe, il suffirait qu'il fût admis, et que des hommes éminents par leur savoir prissent à cœur de le féconder, et tinssent à honneur d'en faire sortir toutes les conséquences qu'il me paraît renfermer. Je le répéterai encore, l'importance du principe repose sur cette considé-

ration que l'exploitation du sol, dans son acception
la plus générale, étant de toutes les industries la
plus vaste, il n'y a pas de changement favorable
dans ses conditions, quelque minime qu'il paraisse,
qui ne donne lieu à de grandes augmentations dans
les produits, ou, ce qui est équivalent, d'importantes diminutions dans les frais de production.

Voltaire a dit quelque part, que celui qui trou-
verait le moyen de faire produire à une tige de
blé deux épis au lieu d'un aurait mieux mérité de
l'humanité que tous les philosophes, écrivains et
hommes d'État passés, présents et futurs. Quelle
que soit ma partialité bien avouée pour l'agriculture, et quelque haute idée que j'aie de son importance, je n'irais peut être pas aussi loin que
l'illustre auteur de tant de chefs-d'œuvre en tous
genres; mais, d'un autre côté, je serais loin de
regarder comme une sorte d'utopie spéculative la
possibilité de découvrir le moyen de doubler la
production du sol sans augmenter les frais de cette
production, car c'est en cela que consiste le véritable problème économique; autrement rien ne
serait plus facile, mais aussi plus inutile dans la
pratique. Quoi qu'il en soit, il faudrait d'abord
rechercher et constater les faits purement théori-

ques; ensuite l'industrie agricole s'approprierait tous ceux dont elle pourrait tirer un parti avantageux.

Je dois m'attendre, et je l'ai déjà dit, que l'utilité de l'établissement dont je n'ai fait qu'indiquer le but et les bases ne sera pas comprise par le plus grand nombre des lecteurs; mais j'aurais lieu d'être étonné si elle n'était pas appréciée par les hommes qui ont consacré leur vie à l'étude, à l'avancement des sciences, et en particulier, par le savant si éminent auquel est confié en ce moment le département de l'agriculture [1]. Quant à moi, qui n'ai assurément aucun titre scientifique à faire valoir personnellement en faveur de mon opinion, c'est le désir de voir enfin l'agriculture faire des progrès assurés, qui m'a depuis longtemps inspiré la pensée que je viens d'exposer; et je me souviens avec satisfaction d'avoir obtenu, il y a bien des années, l'approbation la plus complète de M. de Dombasle, et l'assentiment non moins explicite de mon excellent et bien ancien ami Gay-Lussac, qui eût très-volontiers consacré les dernières années d'une carrière si glorieusement parcourue, à des travaux tels que ceux dont aurait à s'occuper le

---

[1] M. Dumas, alors ministre de l'agriculture et du commerce.

bureau central d'agriculture. C'est ce qu'il m'a dit plusieurs fois, lorsque je lui demandais des conseils sur l'agriculture, qu'il avait en grande affection, et à laquelle il aurait certainement rendu les plus importants services s'il avait pu lui consacrer cette puissance d'investigation qui se révélait dans les applications pratiques les plus usuelles, aussi bien que dans les recherches théoriques les plus abstraites. Quoi qu'il en soit, j'ai toujours sincèrement regretté que l'idée de ce bureau tout à la fois central et expérimental n'ait jamais été adoptée par les dépositaires du pouvoir, qui seuls auraient pu la féconder en lui donnant l'existence et l'impulsion.

On s'étonnera peut-être que, m'occupant de la théorie agricole et de ses progrès, je n'aie rien dit du système d'enseignement agricole constitué sur le plan d'une vaste hiérarchie, et qui a été accueilli avec tant d'empressement pendant ces dernières années. On pourra même me demander si l'Institut de Versailles, placé au sommet de cet édifice comme son couronnement, n'est pas tout à fait propre à réaliser suffisamment les vœux que j'ai exprimés. Je dois m'expliquer brièvement sur ces deux points :

Quand il s'agit d'enseignement en général, deux choses, ce me semble, sont à considérer : premièrement, la science à enseigner ; secondement, les personnes auxquelles cet enseignement est destiné, et qui sont appelées à en tirer avantage. Quant à la science, elle me paraît encore très-incomplète ; et c'est précisément pour en fixer les bases les plus essentielles, que je sollicite le concours et les travaux assidus de quelques hommes tout à fait supérieurs dans les sciences physiques et naturelles. A l'égard des élèves que devra recevoir l'Institut de Versailles, il est nécessaire de savoir quelle sera probablement leur existence, leur position sociale quand ils y entreront, afin de pouvoir former quelque conjecture sur leur destination et la carrière qu'ils pourront prendre quand ils auront suivi pendant plusieurs années les cours de cet établissement. S'ils ne disposent pas de terres à faire valoir comme propriétaires ou par la volonté de leurs parents, trouveront-ils des personnes ayant en eux assez de confiance pour les charger de la régie et de l'exploitation de leurs biens ruraux ? car pour se faire une autre position en rapport avec les connaissances acquises, je veux dire celles de fermier, il faut posséder un capital souvent con-

sidérable, et représentant quelquefois la valeur
d'un immeuble assez important. Je suis donc toujours ramené au même point, c'est-à-dire à faire
des vœux pour que beaucoup de propriétaires se
vouent par eux-mêmes, ou par leurs enfants, à
l'exploitation de leurs biens, comme à une véritable carrière, en s'y préparant par des études et
des travaux sérieux et assidus; ou bien encore que
ces propriétaires emploient dans le même but, et
comme régisseurs intéressés, des jeunes gens ayant
une bonne instruction théorique et pratique, et
une moralité bien éprouvée. Tant qu'il n'en sera pas
ainsi, j'aurai des doutes très-sérieux sur les résultats qu'on pourra obtenir de l'Institut de Versailles comme d'une pépinière d'agriculteurs capables de donner à la culture en France une impulsion
puissante.

Je regretterais beaucoup, et je me hâte de le
dire, qu'on pût conclure de ces réflexions que je
suis un adversaire de l'Institut de Versailles, car je
ne le connais pas assez dans ses détails d'organisation pour me permettre de le juger; aussi n'ai-je
fait qu'exprimer des doutes et des incertitudes. Je
serai d'ailleurs toujours partisan de ce qui pourra
répandre et propager les bonnes pratiques agrico-

les; et, cet établissement n'eût-il pas d'autre avantage, je lui reconnaîtrais du moins celui d'être tout près de la capitale, et de pouvoir être facilement visité par des curieux, des oisifs, pour la plupart propriétaires de terre, chez lesquels pourrait naître la bonne pensée de s'en occuper sérieusement et même avec goût. Une circonstance assez récente donnerait lieu de l'espérer. Il y a deux ans, lorsqu'il s'est agi de régler la nature et les conditions de la dernière exposition des produits de l'industrie, il s'éleva au sein de la commission de l'Assemblée nationale, dont je faisais partie, une discussion très-animée au sujet de savoir si les produits agricoles y seraient ou non admis. J'appuyai vivement l'affirmative, qui fut combattue aussi avec beaucoup de chaleur; et, malgré les vives instances du ministre, l'admission ne fut adoptée qu'à une très-faible majorité. Quant à moi, je ne m'abusais pas sur l'importance absolue de la partie agricole de l'exposition; mais, indépendamment de ce que, pour rendre hommage à un principe essentiel et conforme à la réalité des choses, l'industrie agricole me paraissait devoir trouver là sa place comme toutes les autres industries, j'espérais encore que les produits agricoles

ne seraient pas dédaignés par les visiteurs, et c'est
ce qui est arrivé au delà de notre attente. En effet, les vaches, les chevaux, les fleurs et les fruits,
et autres objets du même genre, ont attiré les
regards empressés des curieux, autant et peut-être
plus que les mécaniques savantes, les étoffes, l'or-
févrerie, etc., etc. Cette disposition est d'un bon
augure; et pourquoi ne serait-elle pas la même à
l'égard des fermes de Versailles, de leurs beaux
sites, de leurs riches cultures? Au fait, n'est-ce
pas du nouveau que l'on veut avant tout? Le factice et même le faux ont été préférés assez longtemps pour que le simple et le vrai puissent avoir
leur tour, et, qui sait? devenir à la mode. D'ailleurs, dans le temps où nous vivons, pourrait-on
s'étonner de quelque chose?

Recevez, je vous prie, monsieur, l'assurance de
mes sentiments distingués.

V. Tracy.

HUITIÈME LETTRE.

A R. DE M.

Paray-le-Fraisil, novembre 1856.

Mon cher ami,

Il y a plusieurs années, et lorsque tu étais encore un enfant, le cours régulier de tes études classiques fut interrompu par des circonstances qui me sont présentes comme à toi-même ; cependant, ton instruction n'en a pas souffert, et peut-être y a-t-elle gagné sous quelques rapports, car pendant des repos prolongés tu as prodigieusement lu, et

13.

comme le ciel t'a fait don d'une excellente mémoire, tes lectures t'ont porté profit, car dans ce
cas-là seulement on peut dire, comme le fabuliste,
avec une légère variante :

> ..... Quiconque a beaucoup *lu*
> Doit avoir beaucoup retenu.

Ces lectures durent être très-variées et le furent
en effet ; cependant je remarquai dès lors, avec
satisfaction, la préférence que tu donnais aux livres, aux ouvrages qui plus ou moins directement
avaient rapport aux sciences naturelles ; je m'en
félicitais en pensant que cette disposition, en quelque sorte instinctive, étant secondée et fécondée
par un esprit vif, curieux et observateur, serait
pour toi la source d'une foule de jouissances pures,
douces et simples, et cependant très-variées, car
la nature est inépuisable dans sa fécondité ; je pen-
sais, j'espérais même, je l'avoue, que par une
affinité très-réelle, quoique souvent inaperçue, ce
goût naissant pour les sciences naturelles te disposerait à aimer la campagne, son séjour, ses occupations, ses délassements et même ses travaux
de tous les jours, de tous les instants, et dont la
direction assidue et intelligente constitue, selon

moi, une des plus heureuses et des plus honorables
professions. Tu sais, mon cher ami, que cette
conviction est chez moi une sorte d'idée fixe, et
que je ne cesse, autant que je le puis, de présenter et de recommander, comme une profession
digne d'occuper la vie entière d'un homme très-
bien élevé, ce que tant de gens s'obstinent encore
à considérer avec dédain, comme un métier vulgaire, et si je puis dire ainsi, du plus bas étage.
Il me semble utile et même nécessaire de bien définir cette profession, telle que je la comprends.

Je ne crois pas du tout qu'un bon agriculteur
doive être ce qu'on appelle un savant ; l'agriculture
est un art ; or, comme tout autre art, son but unique
est de créer, avec bénéfices, des produits d'une nature spéciale, qui s'échangent finalement contre de
l'argent : ainsi, en peu de mots, je définis le bon
agriculteur celui qui réussit à faire de l'argent avec
l'agriculture, au lieu de faire de l'agriculture avec
son propre argent ; voilà qui me semble bien entendu, sans possibilité d'équivoque sur ce point
essentiel, et je dirai fondamental ; mais s'il est
vrai que la science, proprement dite, n'est pas nécessaire, encore moins indispensable, pour exercer
avantageusement une profession si recommandable,

il est non moins certain qu'une foule de connaissances sont très-utiles dans la pratique de l'art, et
qu'aucune d'elles n'est à dédaigner, sans compter
que leur étude occupe l'esprit, étend l'intelligence
et remplit agréablement les loisirs du véritable
homme des champs, sans porter aucun préjudice
aux devoirs journaliers de sa profession, dont rien
ne doit le détourner. Ainsi, par exemple, les connaissances que fournit la chimie ne sont-elles pas
d'une application fréquente dans la pratique intelligente de l'agriculture? Pour le prouver, il suffirait de dire que chez nos voisins les Anglais, dont
l'esprit positif est bien connu, chaque société d'a-
griculture a auprès d'elle un chimiste de profession, convenablement rétribué, pour faire les ana-
lyses des engrais, des terres, des amendements, etc.,
et toutes les expériences propres à jeter du jour
sur quelque point obscur de la pratique agricole.
L'utilité des connaissances élémentaires en chimie
appliquées à l'agriculture me semble si évidente,
qu'elle me fait hésiter à rapporter un fait qui est
pourtant fort concluant; enfin, le voici, tel qu'il
m'a été donné pour certain :

Il y a une quinzaine d'années environ, un propriétaire possédant une terre d'une vaste étendue,

dans la triste contrée connue sous le nom de *Champagne pouilleuse*, eut l'idée de remédier à la pauvreté du sol par un marnage qu'il fit exécuter sur une grande échelle et avec une dépense considérable. Ce travail accompli pendant toute la saison favorable, les terres ainsi traitées furent semées en blés à l'automne. L'année suivante, ce propriétaire fort aisé, heureusement pour lui, s'attendait à voir ses champs couverts d'une récolte abondante, par comparaison tout au moins; mais, ô douleur! cette récolte, qui auparavant eût été médiocre, était *nulle*, et voici pourquoi. La prétendue marne exploitée était une roche friable à base de magnésie, parfaitement infertile et même stérilisante. Quelques gouttes d'acide nitrique, ou même un verre de fort vinaigre versé sur cette substance minérale, y aurait fait reconnaître l'absence du carbonate calcaire, dont la proportion plus ou moins grande constitue la richesse relative des différentes marnes. Cette expérience si simple, qu'elle mérite plutôt le nom d'essai, aurait épargné à ce monsieur, d'abord une forte dépense, et ensuite le chagrin (peut-être plus sensible que la perte d'argent) causé par un si désagréable mécompte.

Ce qui vient d'être dit à propos de l'utilité de la

chimie et des notions qu'elle peut fournir est ap-
plicable dans diverses mesures à plusieurs autres
sciences : telles sont la botanique, la minéralogie,
la mécanique, l'histoire des animaux, y compris les
insectes, enfin la médecine vétérinaire et même la
médecine humaine, qui dans certains cas rares
peut rendre de grands services, avant que les
secours d'un homme de l'art aient pu être obtenus. Mais, me dira-t-on probablement, votre propriétaire cultivateur, ce *gentleman farmer*,
devra donc être un homme universel, une ency-
clopédie vivante ? Pas le moins du monde. Les
diverses connaissances que j'ai seulement indiquées
doivent être simples, positives et nullement spécu-
latives ; en un mot élémentaires, mais non superfi-
cielles, ce qui est absolument différent : car les
connaissances vagues ne sont bonnes qu'à servir
d'aliment à de stériles causeries et à éblouir les
sots, qui admirent d'autant plus qu'ils comprennent
moins.

Indépendamment de l'utilité de ces mêmes connaissances, elles ont un autre genre d'intérêt que
j'apprécie beaucoup, et qui peut être très-facile-
ment satisfait à la campagne.

Là, au dedans comme au dehors, l'espace ne man-

que pas, et si on ne voit pas dans nos habitations
la somptuosité, souvent assez vaine, des hôtels de
Paris, du moins la superficie de quelques mètres
carrés ne se loue pas au poids de l'or, avantage
qui n'est pas à dédaigner pour les modestes fortunes. Il est donc très-facile chez nous de trouver,
outre un local convenable pour une bibliothèque,
où d'autres livres que ceux du métier seraient les
bienvenus, un emplacement suffisant pour établir
un petit laboratoire de physique et de chimie ; enfin, rien n'empêcherait de créer, toujours à peu de
frais, une sorte de musée *indigène* où seraient
réunis des objets appartenant aux différents règnes,
minéral, végétal et animal, dont tous les échan-
tillons seraient peu à peu recueillis dans la localité,
dans la propriété ; par ce moyen, on les connaît
mieux et on s'y plaît d'autant plus ; enfin, la vue
de ces objets connus ne peut manquer d'éveiller
des souvenirs. Des souvenirs ! mais c'est beaucoup,
mon Dieu ! quelquefois c'est tout !

Placés, comme nous le sommes tous, à chaque
instant de notre vie, entre l'avenir, qui n'est pas
encore, et le passé qui déjà n'est plus, l'imagination *bienfaisante,* sans laquelle tout languit, tout
meurt, tantôt nous transporte en avant dans le

vaste domaine de l'inconnu, tantôt nous reporte
en arrière vers la région du passé, des souvenirs.
Tout à coup ce passé devient présent, et l'on se
sent entraîné à s'écrier comme Rousseau : *Ah !
voilà de la pervenche !* Exclamation de joie ou de
regret, de douleur même, il n'importe, qu'elle soit
la bienvenue ! Tout plutôt que l'indifférence, l'apa-
thie, car c'est le néant.

Montaigne a dit : « *Tout vice est issu d'ânerie.* » Je voudrais de grand cœur pouvoir tenir
pour vrai cet aphorisme souvent cité et très-vanté,
mais je ne puis reconnaître à l'*ânerie* (apparemment synonyme de l'ignorance) la part exclusive
qu'on lui fait. Sans me permettre de discuter l'opinion de l'illustre penseur, je me bornerai à signaler
une cause trop féconde en misères morales et qui
n'a rien de commun avec l'ignorance : c'est l'*ennui*. L'ennui ! ce mal ignoré du pauvre, et qui
semble un châtiment souvent mérité, et réservé à
ceux que le vulgaire envie, en les considérant
comme les heureux de ce monde ; l'ennui ! qui
n'est pas la source de tout vice assurément, mais
du moins la cause première d'une multitude de
folies, de ruines, de désordres, et même d'habitudes vicieuses et dépravées ; l'ennui, enfin, mal

si cruel, qu'il peut exalter le dégoût de la vie jusqu'au délire du suicide ! D'après cela, ne doit-on
pas chercher à se préserver des atteintes de cette
peste morale ? Ne doit-on pas désirer de voir une
personne qu'on aime suivre une voie qui l'éloigne
de tout danger de cette nature ? Eh bien ! je l'affirme avec une conviction formée par le raisonnement et confirmée par l'expérience , aucun genre
de vie ne présente à cet égard une garantie aussi
assurée que la vie rurale, telle que je me suis
efforcé de la présenter dans sa vérité naïve, pourvu
qu'elle soit franchement adoptée et pratiquée.

Sans doute, cette assertion paraîtra fort étrange
à bien des personnes, que l'idée seule d'une vie reti-
rée, quelquefois même solitaire à la campagne, suffit
pour glacer d'effroi, et dont l'existence s'accomplit
ou se traîne dans un cercle de *passe-temps* [1] journaliers auxquels on ne saurait donner le nom d'intérêts , pas même de plaisirs , car la monotonie et
la satiété leur ont dès longtemps enlevé toute saveur ; mais l'habitude a fait de ce genre d'existence
une invincible nécessité. Plaignons donc ceux-là

---

[1] Pourquoi le mot *use-temps* n'est-il pas frança's? C'est vraiment grand dommage ; quelle harmonie imitative! Il semble
qu'on bâille en le prononçant.

mêmes qui, de très-bonne foi peut-être, nous trouvent fort à plaindre, et qui souvent avec des apparences riantes, mais trompeuses, se meurent d'ennui, à force *de s'amuser*.

Mais, mon cher ami, je m'aperçois un peu tard, il est vrai, que cette lettre est et doit te paraître d'une longueur excessive; je me hâte donc de la finir, et je le fais à la manière de Sénèque. Toi qui es un jeune et érudit latiniste, tu as sans doute lu ses lettres à Lucilius, que les connaisseurs estiment comme le meilleur des écrits qui nous restent de ce philosophe. Tu sais donc qu'il finit presque toutes ses lettres à son jeune ami en lui payant ce qu'il appelle son tribut obligé, c'est-à-dire une sentence, une maxime, toujours extraites d'Épicure; je ne l'imiterai pas quant au choix, car j'ai fort peu de goût pour Épicure, et cependant les quatre vers que tu vas lire, je les emprunte à son élégant disciple; mais ils expriment bien ma pensée, et cela me suffit :

« Beatus ille qui procul negotiis,
» Ut prisca gens mortalium,
» Paterna rura bobus arat suis,
» Solutus omni fœnore![1] »

[1] Heureux celui qui, loin des affaires, à l'exemple des premiers hommes, cultive avec ses bœufs le champ paternel, libre des soucis de l'usure!

Puisses-tu quelque jour, en visitant tes champs
et par un heureux retour sur toi-même, te rappeler ces vers, sans oublier celui qui te les adresse
aujourd'hui ! C'est ce que je te souhaite de bien
bon cœur, et je t'embrasse de même.

V. TRACY.

NEUVIÈME LETTRE.

A R. DE M.

Mon cher ami,

Je t'ai écrit, il y a peu de temps, une très-longue lettre sur l'agriculture, ou plutôt sur la vie rurale et sur les nombreux avantages que je lui connais, et cela dans l'espérance d'inspirer de la confiance à des lecteurs en position d'adopter ce que je me sens en droit de recommander; tu peux bien croire cependant que je pense à toi tout d'abord, car ton bonheur à venir m'intéresse vivement, et je serais

14.

très-heureux d'y contribuer par le résultat certain
de ma propre expérience, et en te rappelant même
des faits dont tu as une connaissance personnelle.
Il se pourrait que plusieurs causes réunies me fissent
exagérer les mérites et les avantages de ce genre
de vie, encore si exceptionnel, et le *menuet* du
compositeur Marcel me revient soudain en mémoire;
mais enfin puisqu'il faut que chacun ait en tête sa
marotte, comme la mienne est non-seulement innocente, mais bienfaisante, je m'y attache de plus
en plus; cette considération m'encourage à continuer mon plaidoyer et à produire les différents arguments en faveur de la cause que j'ai prise en
main, et je poursuis.

L'existence d'un propriétaire qui fait valoir, qui
exploite directement un domaine de quelque importance, paraît très-propre à développer et même
à faire naître en lui de bonnes et heureuses habitudes en harmonie avec des sentiments droits,
honnêtes, modérés et bienveillants.

Le spectacle de la nature dans sa mystérieuse
et inépuisable fécondité, la succession de ces phénomènes qui se reproduisent avec une majestueuse
régularité, tout cet ensemble offre à l'homme tant
soit peu sensible et réfléchi un enseignement émi-

nemment moral et religieux, et de tous les instants : en effet est-il rien de plus propre à rabaisser l'immense orgueil de l'homme que la toute-puissance divine se révélant sans cesse dans ses œuvres incompréhensibles? Quelles leçons pourraient et devraient mieux nous pénétrer de l'esprit d'humilité, et par suite de charité envers nos semblables de la condition la plus humble? car il n'y a ni grands ni petits devant Celui qui seul est grand.

Ces dispositions bonnes et heureuses en elles-mêmes doivent être fécondées tout naturellement et par la force des choses, car ce propriétaire se trouve sans cesse en contact avec les gens de la campagne, qu'il emploie à ses divers travaux ; il ne peut donc manquer de prendre intérêt à ce qui les touche et de leur rendre quantité de bons offices ; ces rapports bienveillants, souvent même affectueux, rapprochent les distances résultant de la différence de fortune et de position sociale. On y gagne des deux côtés, et mutuellement on se reconnaît des sentiments et des intérêts communs dont l'existence ne se serait pas révélée sans un rapprochement dont les causes sont toutes naturelles et même nécessaires.

Assurément ce serait se faire volontairement illusion que de compter sur ces bons procédés comme
devant exciter chez ceux qui en ont été l'objet un
attachement exalté, une vive reconnaissance et ce
qu'on appelle du dévouement, chose fort rare partout et toujours! Mais sans rien exagérer, on peut
se flatter d'obtenir un bon vouloir général et une
préférence réfléchie, beaucoup moins précaire et
moins fragile qu'un entraînement passionné. D'ailleurs soyons juste! n'est-ce pas quelque chose,
n'est-ce pas même beaucoup que de parvenir à se
faire *pardonner* par le pauvre les avantages et
les jouissances d'une fortune d'autant plus enviée
par lui qu'il doit s'exagérer son prix et sa valeur
réelle ?

Pour atteindre ce but et pour se voir entouré
d'un certain respect avec un mélange d'affection,
le propriétaire, il est vrai, doit mener une vie dé-
cente, régulière et même exemplaire; car on peut
dire à la lettre, de sa maison, qu'elle est de *verre*.
Ce qui s'y fait et même ce qui s'y dit est bientôt
connu de tous les habitants du pays; cette maison
est l'objet de leur attention constante : tout ce qui
s'y passe est le sujet fréquent de leurs conversations
et de beaucoup de commérages, parfois peu bien-

veillants. Cependant la justice de l'opinion est moins
rare qu'on ne le dit ; elle vient à nous quand on sait
l'attendre, et surtout quand on est résigné d'avance
à ne pas l'obtenir bien que méritée ; ceci d'ailleurs,
l'expérience du monde le montre assez, n'est pas
particulier à la vie des champs.

Sans entrer pour le moment dans plus de détail
sur les divers avantages que présente cette vie rurale, n'est-il pas permis de s'étonner qu'un si petit
nombre de propriétaires se montrent disposés à en
essayer tout au moins ? Dans mes précédentes lettres
j'ai déjà signalé plusieurs causes de cet éloignement ; mais comme le sujet, selon moi d'un grand
intérêt, ne me semble pas épuisé, je me permettrai
d'y revenir.

Malheureusement, il faut en convenir, on a, dans
tous les temps, débité, publié, imprimé, en prose
et même en vers, bien des niaiseries sentimentales
sur les charmes innocents de la vie champêtre. De
véritables et parfaits citadins, auteurs d'*idylles*,
d'*églogues*, ou de fades romans, beaux esprits de
l'un et l'autre sexe, se sont plu à représenter les
travaux des champs comme une succession non in-
terrompue d'exercices agréables et de joyeux ébat-
tements aussi favorables à la santé de l'âme qu'à

celle du corps. Ces tableaux insipides et mensongers ont dû soulever les critiques et provoquer les railleries des gens sérieux, sensés et positifs, qui n'aiment que le vrai et qui repoussent l'affectation sous toutes ses formes. Aussi les Deshoulière du dix-septième siècle, le bon Florian et ses fades imitateurs du dix-huitième, ont-ils été atteints d'un ridicule qui est mortel dans notre pays, et ils n'y ont pas survécu. Voltaire lui-même, qui pratiquait fort bien l'agriculture dans son domaine seigneurial, s'est permis de s'égayer aux dépens des Cincinnatus de l'antique Rome, ou plutôt de leurs pédants panégyristes, en disant qu'il fallait bien que ces héros vinssent labourer leurs champs au retour de la guerre, sans que nous soyons obligés de croire que

> . . . . les blés tenaient à grand honneur
> D'être semés de la main d'un vainqueur.

Toutes ces critiques étaient fondées et ces railleries méritées; mais tout cela ne changeait en rien la vraie question, à savoir, la priorité d'importance de l'agriculture dans l'intérêt général et bien entendu du pays, vérité si bien exprimée et résumée sous une forme naïve dans l'aphorisme si connu d'Olivier de Serres : Pâturage et labourage sont les deux mamelles de l'État. Cet aphorisme avait été adopté pour devise, mais sans une exclusive partialité cependant, par ce Henri véritablement grand,

Le seul roi dont le peuple ait gardé la mémoire,

et par son fidèle serviteur Sully. Le poignard de Ravaillac (si fatal à la France) trancha du même coup les précieux jours de ce roi justement populaire [1], et la carrière politique de son ministre; car dès l'année 1611, Sully fut honorablement écarté des affaires, et il passa le reste de sa glorieuse vie dans sa retraite seigneuriale, où il charmait ses loisirs en dictant à des secrétaires ses intéressants et curieux Mémoires.

Depuis ce funeste événement et pendant deux siècles et demi, une vérité si fondamentale, et qui devrait être évidente pour tous, a été dédaignée

[1] Aussi en a-t on fait le proverbe des trois places et des trois statues de Paris : « *Henri IV avec son peuple* sur le pont Neuf, Louis XIII avec les gens de qualité à la place Royale, qui, de son temps, était le beau quartier, et Louis XIV avec les maltôtiers à la place des Victoires; celle de Vendôme, faite longtemps après, ne lui a guère donné meilleure compagnie. » (*Mémoires de Saint-Simon*, t. I, p. 82, édit. de Deloye.) Cette citation est curieuse, car elle prouve qu'un siècle après la mort d'Henri IV, sa mémoire était restée chère au peuple de Paris.

et complétement mise en oubli par tous les souverains ou les ministres qui ont gouverné la France.
Les uns et les autres ont cependant fait trop souvent d'immenses sacrifices de tout genre pour
atteindre un but chimérique; mais, entouré du
prestige de brillantes et fantastiques illusions, on
poursuivait ce but dans des régions lointaines,
tandis que par ignorance ou préjugé on dédaignait
de recueillir les richesses qu'on avait entre les mains
et sous ses pieds. On songeait à se donner des den-
telles, alors qu'on n'avait pas de chemises. Ces
erreurs, dont les conséquences ont été et sont encore si funestes, ont régné souverainement jusqu'à
nos jours, et, à l'heure qu'il est, il n'y a encore
qu'un petit nombre de personnes qui comprennent
et qui voient clairement que l'exploitation intelligente du sol avec des capitaux suffisants est la plus
utile, la plus morale, la plus patriotique et la plus
profitable de toutes les industries. Cette assertion,
que je me ferais fort de justifier par des faits incontestables (voir un court appendice à la fin de
cette lettre), paraîtra sans doute fort étrange et
plus que hardie; je n'en serai pas surpris, tant les
idées généralement admises sur ce sujet sont erro-
nées. Ainsi il y a peu, très-peu de temps que

quelques écrivains se hasardent à employer cette
locution : *l'industrie agricole*, et je me souviens
que lors de la première exposition de l'industrie
sous la république (en 1848), ce fut à grand'peine
que les produits agricoles y furent admis, malgré
les efforts de M. Tourret, alors ministre de l'agriculture et du commerce, que je secondai de mon
mieux comme membre de la commission. L'objection qu'opposaient les membres d'une très-forte
minorité était que l'exposition destinée à l'industrie n'avait rien à démêler avec l'agriculture,
comme si une race d'animaux domestiques perfectionnée à un haut degré n'était pas un objet d'art
aussi bien qu'une pièce de drap ou un voile de
dentelle; comme si des machines à battre, à fau-
cher, à moissonner et même à labourer n'étaient
pas des instruments aussi intéressants et peut-être
plus difficiles à construire dans les étroites conditions qui leur sont imposées, que beaucoup de machines compliquées qui attirent la foule peu intelligente, et qui souvent ne sont que de jolis joujoux
à l'usage de grands enfants !

Le vulgaire (et combien peu de gens méritent
d'être placés en dehors de cette immense catégorie!), le vulgaire, dis-je, n'est impressionné que

par ce qui, à tort ou à raison, l'étonne, l'éblouit
ou l'effraye; voyez, par exemple, une personne
prise au hasard et entrant dans une vaste usine
mue par la vapeur : elle entendra à peine comme
un souffle intermittent semblable à la puissante res-
piration d'un géant; pour un connaisseur, ce calme
silencieux est la preuve que les cylindres sont parfaitement *alaisés*, que toutes les pièces accessoires
sont exactement ajustées, et cette harmonie dans
le jeu de cette puissante machine sera l'objet de son
admiration sincère; l'ignorant, au contraire, ne
sera nullement impressionné en présence de ce chef-
d'œuvre de l'art. Il en aurait été tout autrement
du temps de *feu* la machine de Marly. Le grin-
cement saccadé et monotone de tous ces leviers,
de toutes ces tringles de fer dont le tintamarre
étourdissant s'entendait à une grande distance,
troublait le sommeil des habitants des villages voisins, et, composant un concert vraiment infernal,
excitait un étonnement admiratif chez les bons pro-
meneurs parisiens visitant les rives si gracieuses de
la Seine; aussi cette machine a longtemps passé
pour une merveille de l'art. Cependant ce vacarme
diabolique aurait dû suffire pour prouver que d'é-
normes frottements gênaient le jeu de toutes les

pièces et consommaient en pure perte la plus grande partie de la puissance utile.

Ces réflexions, en apparence étrangères à notre sujet, ont avec lui un rapport plus réel qu'on ne pourrait croire. Effectivement, en tout genre, ce qui est simple et sans retentissement, ce qui n'est pas sous le patronage de la publicité par la voie d'incessantes *réclames*, est tout à fait ignoré du public. Comment ce public pourrait-il soupçonner, par exemple, que des travaux auxquels on refuse la qualification d'industriels, qui s'accomplissent à bas bruit, dans l'éloignement des villes et de leurs préoccupations habituelles, sont les plus importants de tous par le nombre des bras qu'ils emploient, et surtout par les capitaux qui leur sont nécessaires et qui surpassent ceux de toutes les autres industries réunies? Comment ce public pourrait-il imaginer que ces travaux largement développés seraient capables d'employer sur notre sol une masse énorme de capitaux s'élevant à plusieurs milliards, produisant un intérêt supérieur à celui que pourrait donner aucune autre industrie? Ce dernier point surtout paraît chimérique, absurde, et cependant je me ferais fort de l'établir et de le prouver d'une manière incontestable; mais sur ce sujet comme sur tout autre,

bien fou serait celui qui oserait tenter de faire
l'éducation de la génération contemporaine! Cette
éducation, elle devrait se faire par d'autres soins
que les miens ou ceux de quelques *songes-creux*
comme moi, un tout petit nombre, il est vrai, qui,
frappés de la désharmonie choquante qui existe
entre l'enseignement que reçoit la jeunesse et les
nécessités du monde où elle doit vivre, ne peuvent
s'empêcher de partager tout bas la colère du bonhomme Chrysale, s'écriant :

..... Dans un vain fatras qu'on va chercher bien loin,
On ne sait comment va mon pot dont j'ai besoin.

Autrefois j'ai eu la témérité de me lancer dans
l'arène et de rompre des lances pour ce que je
croyais et ce que je crois encore être la cause du
bon sens et de l'intérêt public; j'ai attrapé force
rebuffades de tout genre; j'ai été traité en français
et même en latin (*mirabile dictu*) de vandale,
d'ignorant, d'ignorantissime; enfin j'ai recueilli de
toutes parts bien des aménités d'aussi bon goût, cela
importe peu, mais ce qui est triste, c'est que les
choses sont restées dans le *statu quo ante bellum*,
c'est-à-dire que la victoire est demeurée aux défen-
seurs des idées que le grand philosophe Molière ridi-

culisait il y a deux cents ans ; et qu'on dise que nous sommes novateurs, dans la bonne acception du mot ! Enfin quand je vois quel changement devrait s'opérer dans la nature et la direction générale des idées de notre temps avant que les miennes sur le sujet particulier dont je m'occupe pussent être considérées comme pratiques et d'un intérêt aussi actuel qu'important, je me sens fort découragé, et parfois je suis tenté de renoncer à une lutte trop inégale et stérile dans ses résultats. Je ferais volontiers comme cette pauvre servante qui, s'étant levée de grand matin, suivant sa coutume, se mit à énumérer tout ce qu'elle aurait à faire pendant la journée, et reconnaissant qu'il lui était impossible d'y suffire, prit le parti de se recoucher et se rendormit.

Franchement ce parti n'était-il pas fort sensé, et quant à nous, lorsque après nous être épuisés en efforts inutiles pour la défense et la propagation d'une idée, nous reconnaissons que notre voix est exactement celle qui crie dans le désert (de la foule), pourquoi nous obstiner et persévérer dans un si malencontreux dessein? A cette question Larochefoucaud aurait répondu sans hésiter, que l'amour-propre, aussi incorrigible qu'indomptable, était la cause unique de cet entêtement déraisonnable. Quant à moi, sans nier l'influence d'un fort mauvais instinct, je crois reconnaître dans cette persévérance l'action d'un stimulant qui n'a rien de blâmable et de nuisible, tout au contraire, car c'est le désir, le besoin d'être approuvé de ses semblables et de se sentir en sympathie d'impressions et de sentiments avec eux; or cette disposition inhérente à notre nature morale est la base et la cause première de toute sociabilité.

La sympathie! qu'il y aurait à dire sur sa nature et sur ses nombreux effets! Mais quoique je ne me refuse pas, ainsi qu'on a pu s'en apercevoir trop souvent, je le crains bien, de m'abandonner à des digressions étrangères, du moins en apparence, au sujet qui m'occupe, je dois mettre un frein à cette disposition, à cette humeur vagabonde, et ne pas exposer à une trop rude épreuve la patience de mon bénévole correspondant.

Je le tiens donc quitte de moi pour aujourd'hui, et je me hâte de finir cette trop longue lettre en l'embrassant bien affectueusement.

APPENDICE A LA NEUVIÈME LETTRE.

(Voir la page 168.)

Sans nul doute, j'aimerais mieux pouvoir produire à l'appui de mon assertion d'autres témoignages que le mien, mais du moins je puis garantir comme très-certains les faits que j'ai à citer, et, d'ailleurs, je suis bien éloigné de les présenter comme des choses extraordinaires et surprenantes. Au contraire. Mon but principal en écrivant ces lettres est de faire bien voir et comprendre que, dans des conditions semblables à celles où je me suis trouvé (et certes elles ne manquent pas en France), des résultats pareils à ceux que je signale sont *assurés* et *certains*, en suivant la marche la plus simple et en employant des procédés qui sont à la portée de chacun.

Malgré un éloignement fort naturel, je me suis pourtant décidé à produire le résultat de ma propre expérience, parce qu'il m'a bien fallu reconnaître que le public, si complaisamment, si obligeamment crédule, quand il s'agit de se faire duper par une multitude d'effrontés charlatans, se montrait au contraire très-difficile à persuader et à convaincre, quand, sans arrière-pensée, sans aucune vue intéressée, on s'adresse à lui tout simplement pour lui être utile. Je vais donc, sans commentaire, produire des chiffres relevés sur mes livres, et qui, si je ne m'abuse étrangement, sont des arguments sans réplique.

Les résultats résumés par ces chiffres ont été obtenus dans une contrée fort éloignée de Paris, et dans une localité qui naguère encore était considérée comme une des moins favorisées quant à la fertilité de son sol. Cependant, il y a soixante-dix ans environ que l'Anglais Arthur Young signalait le territoire de Chevagnes (à présent chef-lieu du canton de ce nom) comme susceptible d'améliorations très-faciles et fort profitables. Il paraît que cette opinion, fort sensée pourtant, fut trouvée, dans le temps, très-étrange et presque ridicule.

Je ne puis m'empêcher de remarquer en passant que c'est un étranger, un Anglais, qui a pris le soin de faire connaître aux Français l'état de l'agriculture dans leur pays; et, chose étrange! le *Voyage agronomique* d'Arthur Young, publié deux ou trois ans avant notre première révolution, de 1789, est encore le seul ouvrage de ce genre qui ait paru en France jusqu'à ce jour. On peut juger par là de l'intérêt qu'inspire dans notre pays l'agriculture et sa prospérité!

COMPTES DE COLIGNY,

De 1847 à 1856.

Ce domaine était encore affermé en 1847 pour 950 fr. par an, l'impôt de 200 fr. environ étant à la charge du propriétaire. Le fermier se plaignait de perdre sur le modique prix de sa ferme.

ANNÉES.	RECETTES.	DÉPENSES.
1847.	. . . .	1,528 fr. 93 c.
1848.	279 fr. 40 c.	7,586 18
1849.	1,771 79	6,061 50
1850.	1,616 15	9,771 30
1851.	5,204 15	11,320 65
1852.	9,821 50	11,966 47
1853.	11,500 50	8,748 60
1854.	25,966 60	10,181 29
1855.	23,661 45	11,411 95
1856.	24,408 85	7,805 »
	104,230 fr. 30 c.	86,384 fr. 87 c.

Recettes. . . . . 104,230 fr. 30 c.
Dépenses. 86,384   87

17,848 fr. 43 c.

Nota. On remarquera que de 1847 à 1852 inclusivement, les recettes sont très-faibles, surtout comparativement aux dépenses ; mais à partir de 1853, le *net* va toujours en augmentant. Il est, en 1853, de 2,751 fr. 90 c.; en 1854, de 15,785 fr. 31 c.; en 1855, de 12,249 fr. 50 c.; enfin, en 1856, de 16,603 fr. 85 c. Il est probable que la moyenne du produit net pourra, par la suite, dépasser ce dernier chiffre; mais *certainement* cette moyenne ne tombera pas au-dessous de 15,000 fr. par an.

DIXIÈME LETTRE.

A R. DE M.

Mon cher ami,

Je crois avoir à peu près accompli la tâche que je m'étais imposée en cédant au désir bienveillant de quelques amis; ils pensaient que l'exposition toute simple et sincère de mes convictions sur les avantages généraux et particuliers de la *profession* agricole ne serait pas sans utilité et sans intérêt. J'avais bien, je l'avoue, des doutes très-fondés à cet égard, et j'étais soumis à leur

influence lorsque je terminais ma dernière lettre,
en te disant que les idées généralement admises et
acceptées par tout le monde en France étaient
absolument opposées à celles que la réflexion et
l'expérience m'avaient fait reconnaître pour vraies,
utiles et fécondes en résultats précieux. Pour
prouver que ce sentiment de découragement n'est
pas l'effet d'une humeur chagrine, mais qu'il résulte de l'observation des faits, je vais prendre un
exemple dans des données tout à fait positives et
reposant sur des chiffres incontestables, que je
garantis pour tels. Tu sais comme moi que dans
notre pays (et il est bon de remarquer qu'un quart
au moins de la France est dans des conditions géoponiques, économiques et agricoles toutes semblables) le fermage à prix d'argent d'un hectare de
terre arable est en moyenne de 15 à 16 francs;
que le même hectare, par la culture à moitié
fruits, peut donner au propriétaire un produit *net*
de 40 à 50 francs; et qu'enfin, si ce même propriétaire avait *l'insigne témérité* de faire valoir
son domaine directement, par des domestiques et
des ouvriers, le produit net de chaque hectare
s'élèverait en moyenne à 70 francs, 80 francs et
même au-dessus. La conséquence forcée à tirer de

ces chiffres, qui sont certains, est que tout propriétaire qui aura la fantaisie (on ne saurait dis-
puter des goûts) de tirer de son domaine le moindre revenu devra s'empresser de l'affermer à prix
d'argent; que dans le cas contraire, et pour obtenir
le meilleur produit, il devra le faire valoir lui-
même, et qu'enfin la culture par métayers tient
le milieu entre les deux extrêmes.

Je ne vois vraiment pas ce qu'on pourrait opposer à une conclusion aussi rigoureuse; cependant
je suis sûr que neuf cent quatre-vingt-dix-neuf personnes sur mille, au moins, la traiteront de chimérique, peut-être d'absurde tout simplement. Cette
disposition générale de l'opinion me paraissant
très-importante à constater, je n'ai pas manqué
d'en recueillir en toute occasion les manifestations
soudaines et comme involontaires; en voici un
exemple : — Un jour, je répondais à des questions bienveillantes sur une de mes exploitations,
et j'assurais mon interlocuteur que j'étais satisfait
de ce mode direct d'opérer. — C'est fort bien,
me dit-il, pour le moment; mais quand vous en
viendrez à affermer votre faire valoir, qu'arrive-
ra-t-il? — Et pourquoi, lui répondis-je, voulez vous
que je songe à affermer, puisque je me trouve bien

du mode que j'ai adopté? Son étonnement très-visible à cette réponse toute simple me prouva clairement qu'il lui semblait impossible de considérer cette manière de cultiver par soi-même autrement que comme temporaire et transitoire. Voici encore un autre exemple du même genre, et qui révèle les mêmes dispositions sur ce sujet.

Il y a une douzaine d'années, peu de temps après mon retour à Paris, je me trouvai dans un salon auprès de deux personnages considérables; ils avaient été tous deux ministres, et l'un des deux l'était même encore. Fort obligeamment l'un et l'autre voulurent bien remarquer que je revenais très-tard de la campagne. La conversation s'engagea sur le genre d'intérêt qui m'attachait à la vie des champs, et je fus amené peu à peu à confesser que non-seulement je prenais un véritable intérêt aux travaux agricoles, mais que j'en dirigeais d'assez importants; enfin je lâchai le grand mot, et j'avouai que je faisais valoir par moi-même et sur une assez grande échelle. Je vis à l'instant même un coup d'œil significatif échangé entre ces deux messieurs, équivalant à ceci : « *Le pauvre homme en tient!* » Assurément j'étais dès lors et suivant eux atteint et convaincu

d'une manie, fort inoffensive sans doute, mais ruineuse; dans ce jugement sur mon compte, il n'y
avait pas l'ombre d'une disposition malveillante à
mon égard, tout au contraire; seulement l'opinion de ces messieurs était celle de l'immense
majorité, de la presque totalité des gens *comme il
faut* dans notre pays de France. Penser à cultiver
ses champs, à en tripler, quadrupler même le produit en faisant du bien autour de soi, quelle singulière
idée! Et d'ailleurs le temps que pourraient demander ces soins serait autant de pris sur celui que
réclame le noble exercice de la chasse à pied et
surtout à cheval, qui, dans nos provinces, absorbe
pour ainsi dire l'existence tout entière de ceux
qui possèdent à eux seuls la plus grande partie
du sol. Quelle existence bien remplie! il faut en
convenir; et pourtant c'est ainsi qu'elle se dépense
et s'use tant que la force physique le permet et
que la fortune aussi en donne les moyens.

Quand on s'adresse à un public ainsi disposé,
aussi imbu de préjugés, enfin tel qu'il est réellement, n'y a-t-il pas une sorte de folie à espérer
de le convaincre de ce qui nous paraît cependant
aussi clair que le jour? On dit assez souvent que
la *raison finit toujours par avoir raison ;* je n'en

suis pas bien sûr; mais ce dont je suis certain, c'est que les préjugés ont (qu'on me passe l'expression) la vie plus dure que nous, et que nous sommes réduits à nous consoler de nos mécomptes, non pas comme Galilée, un tel rapprochement serait impertinent, mais du moins comme le grammairien qui concluait toujours en disant : « Toutefois, mon observation subsiste. »

Quoi qu'il en soit, puisque j'ai osé proclamer comme des vérités certaines ce que le public en général doit regarder comme des témérités injustifiables, je veux par des chiffres et des faits me laver de tant de reproches de ce genre. J'ai dit, par exemple, que les capitaux qui pourraient et devraient (pour le plus grand avantage du pays) être appliqués sur notre sol s'élèveraient à la somme de plusieurs milliards, et qu'ils seraient productifs d'un énorme intérêt, comparé à celui des capitaux engagés dans toute industrie sûre, honnête et exempte des chances du jeu.

Voici la preuve, prise dans un seul exemple, de la vérité de mes assertions : on dit que le sol arable en France est de 30 millions d'hectares; j'accepte ce chiffre. Supposons qu'un tiers seulement de ces 30 millions d'hectares, un tiers seulement (et c'est peu) soit susceptible d'être amélioré par l'opération du drainage, soit 10 millions d'hectares, la dépense par chaque hectare en moyenne étant de 250 fr., voilà donc un capital de deux milliards cinq cents millions qui serait utilement réclamé par cette seule espèce d'amélioration; et combien d'autres, telles que celles du marnage, du chaulage, etc.! Et maintenant, quant à l'intérêt que produiraient les capitaux engagés dans ces utiles travaux, je m'en rapporterai à l'opinion des hommes les plus compétents et qui doivent inspirer autant de confiance par leur réserve et leur prudence que par la sûreté et l'étendue de leurs connaissances. Je citerai donc sans hésiter l'opinion exprimée par M. Barral dans son intéressant journal de l'*Agriculture pratique;* il établit que l'intérêt provenant des fonds consacrés à l'opération du drainage peut varier de 9 à 15 pour cent, suivant les circonstances locales. Il se peut que je m'abuse, car je suis fort peu versé dans ce qui concerne les industries manufacturière et commerciale; mais il me semble que des capitaux produisant un intérêt de 12 pour cent environ sont employés d'une manière fort satisfaisante. Je ne craindrai cependant pas d'affirmer, d'après ma propre expérience, que l'argent em-

ployé à certaines améliorations agricoles, telles,
par exemple, que le chaulage et le marnage, produit, dans des circonstances données, un intérêt
supérieur à celui de 15 et 20 pour cent; et combien de centaines de millions pourraient être em-
ployées ainsi! Mais je reviens au drainage.

Il me semble établi et constaté, autant qu'un fait
peut l'être, que, considérée uniquement sous le
point de vue matériel, celui du profit à en tirer,
l'opération du drainage est avantageuse et tout à
fait satisfaisante; mais elle m'intéresse encore plus
peut-être par son influence probable et heureuse
sur la santé et le bien-être des habitants de nos
campagnes dans beaucoup de localités. A ce sujet,
je me permettrai de reproduire une observation qui
doit inspirer un vif intérêt en faveur du développement des améliorations agricoles, c'est qu'aucune
de ces améliorations ne peut se réaliser sans que
ceux qui y concourent, et tout l'ensemble de la
localité, n'en ressentent d'heureux effets sous le
rapport physique et même moral; or, sans aucune
intention ou disposition malveillante, je ne puis
cependant m'empêcher de demander s'il existe une
autre industrie que l'industrie agricole qui puisse
se glorifier justement de posséder un tel avantage,

et si au contraire un grand nombre d'industries ne peuvent prospérer et même exister sans imposer des travaux dont les effets funestes, sous tous les rapports, sont trop connus ou du moins devraient l'être. Ce sujet est fort triste et même affligeant, je ne m'y arrêterai pas; j'ai hâte de revenir à la question du drainage, en la considérant sous le point de vue des espérances qu'on peut fonder sur son heureuse influence hygiénique quand cette opération aura pu s'étendre sur une grande surface.

Dès à présent les observations faites en Angleterre et même en France, où la pratique du drainage est encore récente, ont révélé un fait précieux, c'est que les fièvres intermittentes (trop souvent pernicieuses) , véritable fléau des campagnes dans un grand nombre de localités, diminuent et tendent à disparaître à mesure que l'opération du drainage, reconnue si avantageuse sous le rapport économique, s'y propage et s'étend.

Sans doute ces faits, ces espérances ont besoin de la sanction du temps; mais heureusement celles-ci ont pour elles les données de la science; en effet, depuis longtemps déjà les médecins, les naturalistes, ont signalé comme la cause principale des fièvres intermittentes, souvent si funestes, non-seulement les étangs, les marécages, mais les sous-sols imperméables qui retiennent les eaux pluviales à une faible profondeur, de sorte que pendant l'été la chaleur solaire transforme ces eaux en vapeurs malsaines et même délétères; or, ce sont précisément ces eaux *sous-jacentes* auxquelles l'opération du drainage procure un écoulement constant et régulier.

En résumé, j'aime à conclure de tout ceci qu'on peut sans témérité espérer de voir dans ce fait si important une nouvelle preuve de la coïncidence parfaite qu'on trouvera toujours entre les perfectionnements des procédés agricoles et ceux de l'existence physique et morale de nos concitoyens. Voilà assurément un motif de satisfaction bien pure et bien complète; cette satisfaction est d'autant plus grande pour moi qu'elle s'adresse particulièrement à cette nombreuse et intéressante population des campagnes qui forme à elle seule plus des deux tiers de la population totale de la France. Je me suis affligé souvent, et non sans motif, qu'elle fût rarement l'objet d'une sollicitude, bien méritée cependant. En effet, n'est-ce pas elle qui, en se livrant à de rudes travaux, fait produire à notre sol tous les objets nécessaires à la satisfaction de nos be-

soins les plus indispensables? Pourrions-nous d'ailleurs oublier sans ingratitude que nos campagnes
ont dans tous les temps fourni la partie la plus considérable, la plus énergique, la plus constante dans
les temps d'épreuve de nos glorieuses armées, dont
les vertus consolèrent jadis nos pères à des époques
néfastes, qui, depuis lors et jusqu'à ces derniers
temps, n'ont cessé de répandre sur le nom français
un éclat impérissable, précieux patrimoine à trans-
mettre d'âge en âge à nos arrière-neveux? C'est
au sein de cette population rurale qu'on retrouvera
toujours le type du véritable soldat français, le
premier du monde sous tous les rapports; bon et
d'humeur joyeuse, humain et sympathique autant
que brave, tel il est par nature; si parfois sa conduite n'était pas d'accord avec ce portrait fidèle,
la faute en serait à des chefs qui ne sauraient pas
le comprendre, l'aimer, et toucher en lui la fibre
toujours sensible; le général Foy les comprenait
bien, les connaissait bien, ces bons petits soldats
quand il consignait dans ses Mémoires (malheureusement trop courts), sur la guerre d'Espagne, les
lignes suivantes : « Nos soldats revenaient se faire
» aimer en détail et un à un dans les mêmes lieux
» où d'abord ils s'étaient fait haïr et redouter en

» masse. » Ce témoignage simple et vrai est un juste éloge que rehausse encore le mérite éminent de celui qui le donne, car le général Foy possédait à un haut degré les qualités qui constituent le véritable homme de guerre et le grand citoyen.

Me voilà, je le reconnais, bien loin, du moins en apparence, du drainage, du chaulage et des autres travaux dont avec complaisance j'entretenais mes lecteurs ; cependant cette digression peut m'être pardonnée ; car, même après un bien long temps écoulé, les souvenirs de la fraternité du bivouac se réveillent avec une émotion involontaire, et d'ailleurs de ces considérations on peut tirer une moralité à l'usage des propriétaires et un motif de plus pour qu'ils se décident à se fixer à portée de leurs champs pour les cultiver, en les fécondant. Ce serait avec grand avantage pour eux et pour une population bien intéressante, qui paraît tendre à se déclasser ; en effet, nous la voyons avec regret chaque jour disposée de plus en plus à délaisser les travaux des champs pour d'autres mieux rétribués, mais moins assurés, et surtout beaucoup moins propres à entretenir ces mêmes qualités que je signalais tout à l'heure, et qui ont pour cause première l'amour du sol natal. Oui, l'amour du sol natal est en lui-même une vertu civique qu'il faut exciter, encourager, bien loin de le laisser s'affaiblir et s'émousser; tout ce qui tend à ce but est digne des soins et des efforts d'un homme de bien et d'un bon citoyen. Mais je dois m'arrêter à la limite du terrain circonscrit que je me proposais d'explorer en m'abstenant d'aborder les questions qui sont du ressort de la plus haute politique, car elles touchent à l'organisation sociale elle-même.

Dans la crainte de céder à une tentation indiscrète et presque téméraire, je me hâte de finir cette lettre déjà bien longue; je remets à une prochaine lettre, et qui sera, je pense, la dernière, ce qui me reste à dire pour me faire pardonner, autant que possible, des propositions *malsonnantes* aux oreilles de bien des gens, et qui cependant s'appuient sur les faits et l'expérience. Enfin, mon cher ami, en te recommandant encore un peu de patience, je t'embrasse de tout mon cœur.

ONZIÉME LETTRE.

MON CHER AMI,

Le sujet principal de ces lettres et ses accessoires ne me semblent pas épuisés; mais si je
puis toujours compter sur ton intérêt, la plupart
des lecteurs doivent se fatiguer plus promptement
que nous, peut-être faute de voir dans ce sujet
tout ce que nous croyons y découvrir, car c'est
toujours là le cas de Marcel et de son menuet.
Il est donc bien temps de mettre un terme à mes

instances, à mes exhortations, tendantes au même
but et reproduites sous toutes les formes dans mes
lettres, dont la première a déjà dix ans de date :
cette ancienneté motive une observation qui me
paraît nécessaire.

En réunissant les premières lettres, j'ai dû les
reproduire, sans aucun changement, telles qu'elles
ont paru dans le *Journal des Économistes* il y a
plusieurs années; mais le temps marche vite de
nos jours, bien des choses changent ou du moins
se modifient assez promptement; or, comme je
sens que j'ai grand besoin de la justice toute
bienveillante de mes lecteurs, j'aime à espérer
qu'ils voudront bien tenir compte des changements assez importants qui ont pu s'opérer dans
les idées, les goûts et même les habitudes d'un
certain nombre de propriétaires, ce qui d'ailleurs
peut s'expliquer par l'apparition ou la propagation
de procédés nouveaux, qu'on pourrait considérer
comme de véritables découvertes, et dont je par-
lerai tout à l'heure. Enfin on est mobile dans notre
pays, et si malheureusement l'initiative individuelle
s'y exerce rarement, on y est fort disposé à obéir
à l'impulsion imprimée d'en haut et par l'intermédiaire de l'administration; quand cette impulsion

est bonne, je n'hésiterai jamais à m'en féliciter sincèrement.

Je pense qu'il y a et qu'il y aura toujours dans les habitudes et même dans les goûts et le caractère de nos concitoyens des obstacles qui s'opposeront constamment à la complète réalisation de mes vœux en faveur de la vie rurale; mais je suis fort éloigné de repousser une partie du bien que je souhaite, parce que le progrès opéré me paraît encore très-faible et fort restreint; dans les affaires de ce monde, il faut se contenter d'à peu près.

Quant aux causes dont j'ai parlé plus haut et qui ont pu exercer de l'influence sur des propriétaires à l'égard de l'agriculture, je me ferai comprendre par un exemple, et je choisirai le *drainage;* il y a dix ans aucun essai de cette opération, qui peut devenir si importante, n'avait été, je crois, tenté en France; elle y était inconnue, seulement des écrivains agronomes et quelques voyageurs ayant visité l'Angleterre et surtout l'Écosse signalaient et vantaient à l'envi les avantages de tous genres que la pratique de ce moyen d'assainissement procurait immédiatement et promettait pour un avenir peu éloigné. Les choses ont bien changé en peu d'années. Le drainage est devenu

un objet d'intérêt public : une loi a été votée récemment dans le but d'encourager l'extension de
cette pratique en facilitant les moyens d'en exécuter les travaux ; je ne garantis pas l'efficacité des
moyens proposés pour atteindre ce but, mais ils
témoignent de l'intérêt qu'inspire un procédé d'industrie purement agricole et ils montrent que son importance est bien appréciée ; et c'est déjà un véritable
progrès. Bien plus, sur différents points du territoire,
de grands propriétaires ont exécuté des opérations
de drainage très-considérables.

J'ai grande confiance dans l'extension des entreprises de ce genre, parce que cette opération dispendieuse, mais produisant cependant un intérêt
avantageux des capitaux engagés, est particulièrement à la portée des grands propriétaires. Elle doit
avoir pour effet de les intéresser directement à l'amélioration de leurs terres sans les obliger à en prendre
en main l'exploitation, en un mot, à les *faire valoir;* car, il faut en convenir, jusqu'à présent ces mots
effrayants sont capables d'arrêter tout net l'effet
des meilleures dispositions. Patience ! quelque jour
on sera, je pense, familiarisé avec une idée si
simple et un mode de jouissance dont les avantages
sont immenses, surtout dans les contrées les plus

arriérées, qui sont encore si nombreuses, si étendues en France, et qui n'attendent que des capitaux intelligents pour changer de face très-promptement et d'une manière véritablement surprenante.
Enfin, j'aime à espérer qu'un temps viendra où
l'on pourra voir chez nous, et sans s'en étonner,
un grand propriétaire s'appliquer à l'exploitation,
à la création d'un vaste domaine, et consacrer à
ces soins, si dignes d'un homme de bien et d'un
bon citoyen, les jours d'une longue vie, comme
M. Coke, dernier comte de Leicester, en a offert
chez nos voisins un exemple qui mériterait bien
d'être imité. J'aimerais mieux, sans doute, pouvoir offrir comme modèle et à l'appui de l'opinion
que je soutiens un exemple pris dans notre pays,
et je n'ignore pas qu'une certaine défaveur s'attache à toute comparaison qui, sous quelques rapports, semble nous placer dans un état d'infériorité
à l'égard de l'Angleterre.

Tout en regrettant qu'il en soit ainsi, je ne
saurais m'en étonner, car il faut se garder des
illusions même généreuses, et on doit reconnaître
que des rivalités nationales ayant enfanté des guerres
acharnées et presque continuelles pendant plusieurs
siècles, ont dû faire naître de part et d'autre dans

les populations des sentiments d'hostilité et de répulsion devenus instinctifs, et qui ne disparaissent pas tout à coup à la voix de la raison et de l'intérêt même le mieux entendu, le plus évident. Un ami de son pays et de l'humanité doit donc se réjouir des progrès surprenants opérés depuis quelques années dans une voie de rapprochement fort heureux entre deux nations qui sont incontestablement à la tête de la civilisation moderne, et dont l'union est la véritable et l'unique garantie de la paix du monde ; appelé pendant nombre d'années à prendre part aux affaires publiques de mon pays, je n'ai jamais hésité à manifester mon opinion sur cette question, quoiqu'elle fût souvent assez mal accueillie ; je n'hésiterai pas davantage aujourd'hui à m'emparer de tous les faits que l'Angleterre m'offre en abondance à l'appui de mes idées sur les moyens de développer dans notre pays les ressources immenses qu'il contient en germe ; en un mot, de faire apparaître au grand jour les trésors que le sol renferme dans son sein et qui y demeurent enfouis.

Il est un autre aspect sous lequel cette question me paraît digne d'être envisagée, et je dirai qu'en entrant dans une voie aussi honorable qu'elle est utile, les propriétaires pourraient conquérir en

France une légitime et respectable influence, et
créer en leur faveur une puissance d'aristocratie
non contestée, parce qu'elle serait bienfaisante,
tandis qu'elle leur sera constamment refusée quand
ils y prétendront à d'autres titres; car dans l'état
actuel, il faut le reconnaître, fût-ce à regret, on
n'est nullement disposé à la leur accorder. Sous ce
point de vue, l'Angleterre nous fournit un curieux
enseignement; il consiste dans un fait non contesté
et qui pourtant doit paraître peu croyable, c'est
la popularité dont jouit généralement cette puissante aristocratie dont quelques membres peuvent,
par leurs richesses et leurs possessions territoriales,
être comparés à de petits souverains. On se demande comment il peut se faire que de telles existences, si fort au-dessus de toutes celles qui les entourent, ne sont pas l'objet d'une envie constante
et même d'une haine sourde mais profonde.

Ce fait, comme tous ceux du même genre, étant
d'une nature complexe, ne peut être rapporté à
une cause unique; mais parmi des causes diverses,
il en est une dont l'influence favorable a dû être
très-grande, c'est la part active et constante que
les membres de l'aristocratie anglaise n'ont cessé
de prendre à tous les travaux d'ensemble ou de

détail ayant pour but de féconder le sol, d'améliorer et de perfectionner les races d'animaux domestiques et d'embellir les campagnes en les enrichissant, enfin de créer ces magnifiques résidences tout à la fois splendides et pittoresques. Le simple journalier s'enorgueillit de ces beautés dont il jouit à sa manière, comme le grand seigneur dont la supériorité reconnue et acceptée est tempérée en quelque sorte par une affabilité digne mais cordiale. Pour se convaincre de la vérité de ce que je viens de dire, il suffit de remarquer que les découvertes ou les pratiques agricoles les plus importantes par leur utile influence sont dues ou attribuées à des hommes haut placés à des titres divers. On voit figurer parmi eux des pairs du rang le plus élevé, des hommes d'État éminents, des ministres, des généraux de terre et de mer, comblés de gloire, d'honneurs, de dignités et de récompenses. Ainsi, prenant des exemples pour ainsi dire au hasard, nous trouvons un M. Coke, fait comte de Leicester pour avoir, pendant cinquante ans d'une longue et bien honorable vie, travaillé avec succès à créer en quelque sorte la plus grande partie d'un comté dont l'infertilité naturelle semblait insurmontable. Nous voyons un duc de Portland exploitant par lui-même plusieurs milliers d'hectares et s'occupant avec une intelligente bonté de rendre heureux les journaliers vivant sur ses terres. Dans un autre ordre d'importance sociale, on peut citer un grand homme d'État, sir Robert Peel, qui, pour prouver par l'expérience les grands avantages du drainage, a, un des premiers, je crois, fait exécuter cette opération sur une très-vaste étendue; la liste de tous les grands seigneurs anglais dont les noms se rencontrent à chaque page dans les annales de l'agriculture anglaise serait infinie, et je n'ai pas l'intention de la rapporter même en partie; mais ce qu'il m'importe de faire remarquer, c'est que leur conduite, aussi sage que libérale, n'est pas de date récente, mais au contraire fort ancienne; et pour le prouver, il suffit de citer un exemple très-concluant, c'est le desséchement des immenses marais formant le littoral des trois comtés de Lincoln, de Norfolk et de Suffolk; cette entreprise gigantesque, qui se poursuit toujours sous le patronage et par les soins de l'illustre et patriotique famille des Russel, fut commencée, il y a plus de trois cents ans, sous le règne d'Élisabeth, par le premier comte de Bedford. Des faits du même genre dont je pourrais multiplier les citations et que je pourrais présenter sous leurs différents aspects, me semblent suffisants pour expliquer la popularité instinctive en quelque sorte dont jouissent au sein des campagnes ces grands seigneurs anglais et ces gentlemen qui, dans une sphère moins élevée, suivent cependant la même voie et tiennent une conduite toute semblable. De bonne foi, les choses se passent-elles, se sont-elles passées ainsi dans notre pays, qui est pourtant si favorisé du ciel et bien plus que les trois royaumes composant la Grande-Bretagne, naguère encore bien peu connus sous le point de vue si intéressant de l'agriculture? Ainsi, l'opinion générale en France attribuait presque exclusivement la richesse et par suite la puissance de l'Angleterre au progrès et au développement de son industrie manufacturière et commerciale; on paraissait ignorer et on ignorait en effet, je pense, que dans ce pays l'agriculture avait marché tout au moins du même pas que les autres industries, et que sa haute importance avait été de tout temps comprise et reconnue par tous les hommes d'État. Enfin, pour s'en convaincre, il suffirait de penser à ce sac de laine sur lequel s'assied le lord chancelier d'Angleterre quand il préside la chambre des pairs.

Ces utiles enseignements étaient perdus pour

nous, car de tout temps, mais surtout depuis le
grand roi qui a donné le nom à son siècle, on s'in-
quiétait fort peu de savoir ce qui se passait, sous
le point de vue économique et social, dans le
monde entier; la France se considérait comme
devant servir en tout de type et de modèle; pour
elle la civilisation consistait dans le plus ou le
moins de rapprochement avec ce qui se faisait et
se passait, raisonnable ou non, en deçà de ses
frontières et particulièrement dans l'enceinte du
palais de Versailles, en y joignant encore la
capitale. *La cour et la ville* jouissaient du pri-
vilége non contesté de donner le ton à toute
l'Europe. Cette conviction naïve de notre supériorité en tout genre me paraît exprimée d'une manière très-piquante par l'illustre et spirituel auteur des *Lettres persanes*, lorsque introduisant
Usbek dans un des salons à la mode de Paris, une
belle dame s'écrie : « Quoi, monsieur est Persan?
» Mon Dieu! comment peut-on être Persan? »
Cette plaisanterie, d'un sens très-profond en réalité,
résume parfaitement cette présomption ingénue qui
se révèle à chaque page dans une multitude de mémoires et de correspondances familières dont les
auteurs se montrent au naturel et, si on peut dire

ainsi, en déshabillé, par l'importance qu'ils atta-
chent à des misères dont toutes les cours de l'Europe
voulaient être informées et faisaient de véritables
événements; car, il faut en convenir, nos voisins
se sont chargés depuis longtemps, et prennent
encore le soin de justifier nos prétentions séculaires
par l'empressement qu'ils mettent à s'emparer de
tout ce qui se produit en France. Œuvres d'art
en tout genre : romans, pièces de théâtre, etc.;
tactique militaire, armements et costumes; modes,
si ridicules, si folles, extravagantes même, qu'on
puisse les imaginer; tout enfin est copié, imité
partout et à l'instant. En un mot, nous sommes les
enfants gâtés de la civilisation moderne. Il faut bien
que cette préférence, ou, si on veut, cet engoue-
ment, ait une cause flatteuse pour notre amour-
propre; je le reconnais et je m'en félicite, car je
suis sensible à toutes les gloires de mon pays, sans
en exclure aucune. Mais je pense aussi qu'il y a
toujours grand profit à tirer de la connaissance de
ce qu'on a fait dans d'autres pays, notamment en
ce qui concerne l'agriculture, tantôt pour imiter ce
qui est bon, tantôt pour se garantir de commettre
des fautes souvent coûteuses, comme l'indique
le vieil adage :

« Heureux celui
» Qui, pour devenir sage,
  » Du mal d'autrui
» Fait son apprentissage ! »

qui pourrait trouver son application dans bien des circonstances diverses.

Mais je me suis laissé entraîner plus loin que je ne prévoyais ; cette lettre ne sera donc pas la dernière, comme je le croyais. Ainsi, mon cher ami, je te demande encore un peu de patience, et je t'embrasse de tout mon cœur.

DOUZIÈME LETTRE.

A R. DE M.

Mon cher ami,

Il n'y pas de travail, si minime que soit son importance et sa valeur, qui ne réclame une conclusion, dût cette conclusion se réduire à des vœux sincères, mais peut-être stériles. J'ai lieu de craindre qu'il n'en soit ainsi dans le cas où je me trouve, quand je pense à l'opposition complète qui existe entre les idées générales et celle que je soutiens avec une persévérance capable de lasser peut-être le

18.

bon vouloir des lecteurs les plus indulgents. Au
moment de mettre un terme à ce long plaidoyer
en faveur de la vie rurale telle que je la comprends, je ne puis m'empêcher de jeter un coup
d'œil un peu timide sur l'avenir pour y découvrir, s'il
se peut, quelque probabilité d'un changement dans
les habitudes et les goûts de nos concitoyens, changement qui me paraîtrait fort heureux ; c'est ce que
je me propose d'examiner en finissant de m'occuper
d'un sujet qui cependant ne me paraît pas épuisé ;
mais d'abord j'ai dû me livrer de nouveau à un
véritable examen de conscience pour savoir si je
n'étais pas influencé, abusé peut-être par des circonstances particulières toutes personnelles ; or cet
examen sérieux et sincère a eu pour effet de me
confirmer de plus en plus dans mes convictions, que
j'ai présentées sous toutes les formes et sous tous
les points de vue ; d'ailleurs il y a dans cette question un aspect sur lequel l'imagination et le sentiment ne peuvent exercer aucune influence, c'est
celui qui se présente et se manifeste sous la forme
de chiffres bien nets, clairs et positifs. Eh bien ! ces
chiffres démontrent d'une manière certaine, incontestable, que la mise en valeur de ces terrains
immenses, incultes ou très-mal cultivés, dont la vue

attriste l'âme de celui qui traverse la France, et qui occupent au moins un tiers de son étendue, donnerait des bénéfices énormes et certains. Que faudrait-il de la part des propriétaires pour réaliser ces merveilles? Des capitaux placés à gros intérêt, l'emploi d'un temps assez limité, enfin l'application à ces travaux d'une intelligence fort ordinaire. J'avoue que je compterais sur les arguments de cette nature plus que sur tous les autres pour vaincre l'éloignement qu'inspire chez nous le séjour un peu prolongé à la campagne.

En Angleterre, les dispositions à cet égard sont tout à fait différentes et même toutes contraires, et quand j'ai cité des exemples pris chez nos voisins, je ne méconnaissais pas la différence complète sous ce rapport entre les habitants des deux pays.

Tout Anglais est voyageur par nature en quelque sorte; sa situation insulaire doit lui donner cette disposition, qui est stimulée par la domination que sa patrie exerce sur d'immenses contrées situées aux extrémités du monde, et à des distances vraiment effrayantes de la métropole, qui y entretient des fonctionnaires de toute sorte. Il résulte de là qu'une multitude d'Anglais passent une grande partie

de leur vie et quelquefois leur vie tout entière hors
de leur pays ; mais, chose remarquable, tous, sans
exception, nourrissent et caressent la pensée de revenir atteindre le terme de leurs jours au sein de leur
patrie dans ce *home*, constant objet de leur plus
vive affection ; mais ce *home*, qui leur est si cher,
est-ce dans une ville que leur imagination songe à
le placer ? Jamais ! c'est toujours à la campagne,
dans un site agreste, qu'ils se complaisent à embellir par la pensée jusqu'au moment où ils pourront s'en occuper en réalité ; ce goût, cette disposition innée, instinctive, est générale ; elle est
commune aux pauvres comme aux riches, aux plus
grands seigneurs comme aux plus simples gentlemen ; elle se révèle à chaque page dans les œuvres
des poëtes et des romanciers avec un charme pé-
nétrant pour ceux qui aiment la nature dans sa
naïve simplicité, et qui sentent que le spectacle de
son inépuisable variété verse dans leur âme ce
calme bienfaisant, inconnu dans les villes au milieu
du tumulte et de l'agitation qui y règnent sans
cesse.

Ce serait une étude intéressante que celle des
causes multiples qui ont imprimé à tous les individus de race anglaise une disposition invariable

qu'ils portent avec eux dans les contrées les plus différentes sous tous les rapports, et soit qu'ils se trouvent placés sous le climat brûlant de l'Inde ou sur les cimes glacées de l'Hymalaya, soit que le sort les conduise dans les contrées africaines ou dans ce monde nouveau, l'Australie, où climat, constitution géologique, races humaines, races d'animaux, tout est différent de notre ancien monde, dont on ne retrouve rien, absolument rien, si ce n'est l'immuable invariabilité dans les mœurs et les habitudes des dominateurs de ce vaste et curieux continent; ils s'efforcent, en dépit de tous les obstacles, d'y constituer ce *home*, objet de leur affection et dont l'imitation imparfaite semble partout les rapprocher de la patrie absente et si éloignée. Sans m'étendre davantage sur des considérations qui m'écarteraient de mon sujet, je me bornerai à remarquer que les inclinations communes à toutes les classes dans la Grande-Bretagne doivent tendre à y favoriser les développements de l'agriculture et ses perfectionnements, et cela sans efforts, sans imposer des sacrifices, en un mot tout spontanément.

En France, il faut bien le reconnaître, c'est tout le contraire qui se manifeste à chaque instant. Le goût pour la résidence dans les villes y est général, les exceptions sont très-rares et sont taxées de bizarreries; on considère le séjour à la campagne comme un sacrifice fait à des motifs graves, mais s'il se peut temporaires. Doit-on se flatter que ces dispositions naturelles pourront se modifier jusqu'à un certain point? J'ose le penser, et voici sur quoi je fonde quelques espérances.

On parle beaucoup, à présent plus que jamais, du désir immodéré de faire fortune qui s'est, dit-on, emparé de toutes les classes de la population française. Cette passion sert de texte à des romans, à des pièces de théâtre, enfin à des compositions littéraires de toute nature. Il se pourrait que ces peintures fussent fort exagérées, et il se pourrait surtout que, loin d'affaiblir cette disposition générale, elles produisissent l'effet tout contraire. Quoi qu'il en soit, il est très-probable que les propriétaires de biens-fonds ne seront pas à l'abri de la contagion générale; mais pour s'enrichir, il ne suffit pas de le vouloir, il faut en trouver les moyens; car si on se donne la peine de réfléchir à la position particulière des propriétaires dont je parle, on verra que bien des voies pour aller à la fortune, c'est-à-dire à une immense fortune, leur sont fermées, d'abord par la nature même de leurs biens immobiliers, ensuite par leurs habitudes, qui sont toutes différentes de celles des gens dans les affaires, enfin par bien des causes que chacun devine sans que j'aie besoin de les énumérer.

Je pense donc, avec quelque raison ce me semble, que si ces propriétaires, plus ou moins considérables, pouvaient se débarrasser des préjugés absurdes généralement accrédités, j'en conviens, et comprendre qu'avec des dépenses modérées et (chose bien importante) limitées en quelque sorte suivant leur volonté, ils pourraient et devraient même augmenter notablement et quelquefois énormément le produit net de leurs terres, c'est-à-dire leurs revenus, ils seraient tentés d'en essayer tout au moins. Je répondrais avec une parfaite certitude qu'ils se trouveraient si bien de ces essais, qu'ils y prendraient goût et très-fortement. J'ajouterai que cette manière de s'enrichir modérément et non subitement, il est vrai, ne leur imposerait aucun sacrifice essentiel dans leurs habitudes, et, j'oserai le dire, dans leur dignité personnelle ; bien loin de là, comme je l'ai fait voir dans ma précédente lettre, un des avantages de ces occupations et de ce genre de vie est précisément de donner une juste importance à celui qui s'y livre aux yeux des populations qui l'entourent.

J'ajouterai encore une réflexion qui n'est pas sans intérêt et qui me semble favorable à mes vœux : on ne peut méconnaître qu'une des causes d'éloignement pour la vie des champs résulte de l'isolement où l'on s'y trouve placé, du peu de soin qu'on y remarque en général pour en embellir les sites, pour en rendre commodes et faciles les communications, enfin de l'absence de tout ce qui tient au confort dans les habitations que l'on est parfois dans le cas de visiter. A cet égard et sous ces divers points de vue, les progrès sont considérables depuis vingt ou trente ans, et ils seraient très-rapides si un nombre croissant de propriétaires se fixaient pendant une partie de l'année à la campagne dans les intentions que j'essaye d'encourager, et non pas, comme on le fait encore généralement, dans le but d'y vivre aussi mesquinement que possible, afin d'y faire des économies, d'y ramasser le plus d'argent possible et d'aller le dépenser à Paris. Il est évident que, les campagnes étant bien mieux habitées, toutes les personnes qui ont le goût et même le besoin de la société trouveraient les occasions de les satisfaire par des relations de voisinage agréables et variées. Enfin dans un pays où l'on est mobile comme dans le nôtre, la mode peut nous venir puissamment en aide; il ne faut donc pas désespérer d'un changement dans les goûts et dans des penchants et des habitudes, changement qui s'opérerait peu à peu et qui serait bien heureux dans l'intérêt de tous, riches et pauvres également.

Quelle que soit l'influence plus ou moins grande des causes que je viens d'indiquer, je ne me fais pas illusion sur leur puissance, et je pense qu'aucune d'elles n'est sous ce rapport comparable à ce que j'ai désigné précédemment comme un sens particulier, *le sens de la nature*, dont le développement serait si précieux, si utile, si favorable au bien-être domestique et à l'harmonie sociale, si je puis m'exprimer ainsi. A cette occasion, je me suis permis, sur l'état actuel de l'éducation sous le point de vue matériel, des observations sévères, mais que je crois justes, accompagnées de l'expression de mes vœux pour que la jeunesse pût passer ses premières années hors des villes et fréquemment en contact avec tous ces objets naturels et ces phénomènes qui révèlent sans cesse la puissance divine sous ses aspects les plus doux, les plus gracieux; la santé de l'âme y gagnerait autant tout au moins que celle du corps. Qui ne sait d'ailleurs combien

est ineffaçable l'empreinte laissée dans de jeunes
cœurs, dans de jeunes esprits par des sensations
qui se lient à d'heureux souvenirs? Quel est celui
d'entre nous, parvenu à la maturité de l'âge, même
à une époque plus avancée de son existence, et qui,
s'attachant à réveiller ses souvenirs en remontant le
cours des années, ne parvienne à y découvrir un fait
isolé, une circonstance peut-être fortuite, et qui
pourtant auront pu avoir sur toute sa vie, sur sa
vocation particulière, une influence plus ou moins
décisive? Cette expérience faite sur moi-même
avec attention et scrupule m'a confirmé dans cette
croyance. Il est donc fort naturel que, d'après mes
idées précédemment exposées, je doive souhaiter
que la jeunesse, à son début dans la vie, soit
mise en rapport habituel avec des objets vers lesquels plus tard elle serait ramenée par une sorte
d'attraction instinctive; je ne saurais trop insister
sur un point si important.

Ce sens que, faute de trouver une meilleure
expression, j'ai nommé le *sens de la nature*,
quelque soin qu'on paraisse avoir pris de l'affaiblir,
de l'oblitérer, existe cependant plus ou moins
développé chez les individus de toutes les conditions. Pourrait-on rapporter à une autre cause

l'émotion soudaine, involontaire, que fait éprouver, même aux personnes les moins sensibles, l'aspect de la campagne dans toute sa splendeur vivi-
fiante? Chez ceux que je dirai mieux doués, cette
émotion peut faire naître une sorte d'attendrisse-
ment involontaire et bienfaisant, car il dilate l'âme,
et il y dépose un calme que le séjour des villes ne
peut faire connaître et ressentir.

N'est-ce pas sous l'influence vague, confuse,
mais très-réelle de cette espèce d'instinct que nous
voyons les populations des villes se précipiter, dès
que le temps ne s'y oppose pas trop, hors de leurs
maisons, et s'empresser de franchir l'enceinte de
leurs murailles? Riches et pauvres, tous semblent
obéir à la même impulsion, au même entraînement. Serait-ce uniquement, comme on pourrait
le penser, pour faire de l'exercice que toute cette
foule s'agite et s'élance au dehors? Mais l'exercice
purement hygiénique, on peut le prendre partout
et même sans sortir de sa maison; car on peut faire
des lieues entières dans une chambre de dix pieds
carrés; bien plus, comme le conseille Francklin,
on peut rendre l'exercice encore plus promptement
efficace en montant et descendant à grands pas un
escalier de plusieurs étages. On dit aussi que la

jeunesse a besoin d'exercice, et cela est vrai; mais pourquoi voit-on les hommes d'un âge mûr et même plus avancé prendre part à cet entraînement général dont je viens de parler? La véritable cause en est dans le désir et le besoin de respirer l'air libre et à pleins poumons, et de voir le ciel *tout grand* au lieu de n'en voir qu'un *morceau de six pieds carrés*, comme le dit avec amertume J. J. Rousseau dans ses *Confessions*. C'était au temps où ce fou (de génie), toujours éloquent quand il peint la nature, parfois sublime, s'efforçait de réaliser l'idéal d'une idylle avec sa sotte Thérèse Levasseur et son ignoble famille, la scène se passant dans une mansarde de la rue Plâtrière, qui porte aujourd'hui le nom du citoyen de Genève.

Ces détails, sur lesquels je me suis peut-être trop étendu et que je pourrais multiplier à l'infini, me sont précieux dans l'intérêt de ma cause, car ils sont autant de preuves que ce sens indomptable chez le chasseur des forêts vierges du nouveau monde, chez l'Arabe pasteur parcourant ses déserts sans bornes, est indestructible dans l'homme, et qu'il survit à toutes les modifications que lui font subir les besoins, les travaux et les raffinements

mêmes de la civilisation moderne. On peut donc
tenir grand compte de ce penchant inné, on peut se
flatter de le raviver dans une juste mesure en faveur de la vie rurale telle que je la recommande,
et qui n'a rien d'austère ou d'exagéré, mais qui,
au contraire, se concilie parfaitement avec toutes
les nécessités de l'ordre social tel que nous pouvons
le souhaiter.

Au moment de clore ce long plaidoyer en faveur
des modifications graduelles et progressives dont
j'appelle l'avénement dans les goûts et les habitudes des propriétaires de notre pays, je ne crois
pas devoir laisser à l'écart un argument qui me semble de quelque importance ; car un avocat gagne,
dit-on, souvent sa cause en mettant au jour une
pièce qu'il était sur le point d'oublier au fond de
son sac. Voici donc ce que j'ai encore à ajouter à
ma plaidoirie.

Il me semble que j'ai mis en évidence tous les
avantages matériels, moraux et sociaux qui résul-
teraient pour les propriétaires du genre de vie que
je les presse d'embrasser ; mais je crois devoir insister sur un point fort important, c'est l'intérêt
très-vif qu'ils prendraient, et je leur garantis, aux
divers travaux qu'ils auraient à diriger ou plutôt à

surveiller après qu'ils les auraient décidés et arrêtés
d'avance. En effet, l'exploitation d'un domaine
rural offre un mélange de prudence, d'instruction
spéciale, de sages calculs, et de chances tantôt
favorables, tantôt contraires et même funestes qu'il
est impossible de prévenir; il y a donc toujours et
à chaque instant dans ce genre d'industrie un im-
prévu qui ne se rencontre au même degré dans
l'exercice d'aucune autre. Aussi l'attention, étant
constamment tenue en éveil, doit-elle être un sûr
préservatif contre l'ennui, qui, comme on l'a dit,

« . . . . . . naquit un jour de l'uniformité. »

Enfin, pour me faire bien comprendre, je compa-
rerais l'exploitation d'un domaine d'une étendue
suffisante à un jeu de commerce où le joueur le
plus habile peut avoir souvent de mauvaises cartes,
mais qui pourtant à la longue finit toujours par ga-
gner la partie. Ainsi, l'intérêt et l'amour-propre
constamment excités suffiraient seuls pour écarter
cette fadeur, cette langueur qu'on suppose être
inséparables de ce genre de vie d'une apparence
monotone; combien cette supposition serait encore moins fondée si notre propriétaire cultivateur
était doué de quelque imagination, s'il avait tant

soit peu de poésie dans l'âme et s'il lui prenait
envie, par exemple, d'embellir, d'orner avec goût
les terrains qui entourent et qui avoisinent son habitation, si, avec un sentiment d'artiste, il considérait cet espace comme une vaste toile sur laquelle
il peut employer, en guise de couleurs, les gazons, les prairies parsemées de plantations d'arbres et d'arbustes, tantôt isolés, tantôt groupés
en massifs, et dont le port et le feuillage si variés
offrent tant de ressources à celui qui sait en tirer
parti ! En accomplissant cette agréable tâche, il
reconnaîtrait bientôt la vérité contenue dans ces
deux vers :

« L'arbre qu'on a planté rit plus à notre vue
» Que le parc de Versaille en sa vaste étendue. »

Enfin, parvenu peut-être un jour à un âge très-
avancé, pourquoi ne dirait-il pas comme l'octogé-
naire de la Fontaine et avec une douceur mé-
lancolique :

« Mes arrière-neveux me devront cet ombrage » ?

Je pourrais énumérer une multitude d'occupations pleines d'intérêt que fournit à chaque instant
cette vie active et si bien employée; mais, parmi

tous les avantages qu'elle procure, je me bornerai
à citer la possibilité de faire le bien autour de soi,
même avec des moyens très-limités, car à la campagne les secours peuvent être donnés directement,
avec discernement; rien n'est perdu, rien ne s'é-
gare, et l'on a la certitude que ces secours par-
viennent à une bonne destination.

Tous ces avantages sont réels, incontestables et
d'un prix infini; mais pour être capable et digne
d'apprécier et de goûter ces jouissances inépuisa-
bles, il faut avoir reçu du ciel des dispositions affec-
tueuses, sympathiques et tournées vers tout ce
qui est bon, par une sorte d'instinct naturel, ou
bien une intelligence véritablement forte, compréhensive et supérieure aux petitesses vulgaires;
car par l'une ou l'autre de ces influences et en leur
obéissant, on arrive nécessairement, quoique par
des voies différentes, au même terme, au même
point, c'est-à-dire à aimer, à préférer ce qui est
simple et vrai, ce qui est bon et beau, formant un
ensemble, un tout indivisible. Mais je sens qu'à
mon insu peut-être je me laisserais entraîner facilement, trop facilement sans doute vers des considérations où mes sentiments, mes souvenirs et mes
impressions les plus intimes tiendraient la plus

grande place, et qui n'auraient avec mon sujet que des rapports éloignés. Je dois donc m'arrêter sur cette pente, et placer ici le terme de la tâche que je m'étais imposée.

Si, ce dont je n'ose me flatter, la lecture de cette petite brochure faisait naître des objections un peu sérieuses, je m'empresserais, dans l'intérêt d'une si bonne cause, de prendre la plume pour justifier ce qu'on appellera peut-être mes témérités économico-rurales et même morales; mais, je le répète, je ne pense pas que cet honneur me soit réservé. Il en sera de ces dernières lettres comme des anciennes, et je m'explique très-bien cette indifférence pour ce qui doit paraître tout à fait vulgaire et terre à terre : d'une part, le désir, l'espérance même, bien folle assurément, mais assez générale, de posséder tout à coup 10, 20, 30 millions, par une sorte de miracle, rendent bien peu attrayantes les modestes perspectives que je peux offrir cependant avec pleine confiance; d'autre part, je demande instamment qu'on agisse, qu'on s'évertue, qu'on fasse, car chez nous on disserte, on raisonne beaucoup et on agit d'autant moins. Ce pays-ci est le pays des livres, et des livres les mieux faits : rien n'y manque, ce sont des perles; mais il m'ar-

rive assez souvent de me rappeler le coq de la fable
et de dire comme lui quand il a trouvé une perle
fine :

> « . . . . . Le moindre grain de mil
> » Serait bien mieux mon affaire. »

Quant à moi, et je l'avoue franchement, je
suis pour la pratique, pour l'action, pour le positif
en un mot; une idée bien examinée sous toutes ses
faces est-elle reconnue bonne et féconde, trêve
aux raisonnements sans fin; la vie est courte, vite
à l'œuvre et en avant! Je me suis bien trouvé de
procéder ainsi, et on ne risque rien, j'en réponds,
à faire de même.

Quoi qu'il en soit de mes rêveries rurales, économiques, même parfois philosophiques et morales,
ainsi que de l'accueil qui leur est réservé, j'aurai
du moins atteint un but d'un grand prix à mes yeux
si leur lecture a pu confirmer en toi, mon cher
ami, les heureuses tendances que j'ai vues poindre
dans ta jeune intelligence et dans ta sensibilité qui
ne faisait que s'ouvrir, il y a plusieurs années. Il en
est résulté de plus en plus que nous nous entendons
sympathiquement, et quand je me dis à moi-même :

> « O rus! quando te aspiciam? »

je suis sûr d'être à l'unisson de tes pensées et de tes vœux. A bientôt donc, et aux champs! En attendant, je t'embrasse, mon cher ami, de bien bon cœur.

N. TRACY.